Le Sacré-Cœur à Montmartre.

En couverture : La passerelle des Arts. La Conciergerie.
En premières gardes : Les toits de Paris.
En page de titre : *Fontaine*, Place de la Concorde. *Obélisque*, Place de la Concorde. L'Institut.
En dernières gardes : Le quai aux Fleurs.
En dos de couverture : Flanc sud de la cathédrale Notre-Dame.

CE TEXTE A ÉTÉ PUBLIÉ POUR LA PREMIÈRE FOIS EN 1981. AU FIL DU TEMPS, IL A SUBI QUELQUES MODIFICATIONS. LB

Du même auteur

Espions et ambassadeurs au temps de Louis XIV, Paris, 1990 (Prix d'Histoire Madame Eugène Colas de l'Académie française).

Les Relations internationales en Europe, XVIIe-XVIIIe siècles, Paris, 1992, 2e éd. 1996, 3e éd. 2001.

La France moderne, 1498-1789, Paris, 1994, 5e édition, 1999, nouvelle édition, 2003.

Dictionnaire de l'Ancien Régime (direction de l'ouvrage), Paris, 1996, nouvelle édition 2002, 2003.

Connaître l'Histoire de France, Paris, 1997, nouvelle édition, 2004.

L'Invention de la diplomatie (direction, avec le concours d'Isabelle Richefort), Paris, 1998.

La Société des princes, Paris, 1999 (Prix Joseph du Teil de l'Académie des Sciences morales et politiques).

L'Europe des traités de Westphalie. Esprit de la diplomatie et diplomatie de l'esprit (direction, avec le concours d'Isabelle Richefort), Paris, 2000.

L'Information à l'époque moderne (coordination de l'ouvrage), Paris, 2001.

La Présence des Bourbons en Europe, XVIe-XXIe siècle (direction de l'ouvrage), Paris, 2003.

« Les Temps modernes », *in Histoire de la diplomatie française*, Paris, 2005.

Dictionnaire des ministres des Affaires étrangères (co-direction de l'ouvrage), Paris, 2005.

Louis XIV, le plus grand roi du monde, Paris, 2005.

 Ce livre a été imprimé et broché par POLLINA, 85400 Luçon - n° L41767.
Imprimé en France

Lucien Bély

Paris

Photographies de Jean-Paul Gisserot

éditions Jean-Paul Gisserot
www.editions-gisserot.com

Les Innocents

La première fois que je vins à Paris, j'avais en main quelque Baedeker et au cœur l'ardeur curieuse du provincial. Je passai là quelques semaines en touriste. Pour l'adolescent que j'étais alors, Paris n'était qu'une ville plus vaste que Lyon, plus riche en monuments, bref un plus gros dictionnaire du passé, rien de plus. J'arrivais donc sans idées, sans désir. Cette visite ne signifiait rien dans ma vie : cueillir des images me suffisait. Le bon élève se transformait en petit explorateur. Avec la volonté de ne rien laisser échapper. Bref, obstinément, comme à Rome, à Gaète ou à Corinthe, je voulus tout connaître de cette cité comme si elle eût été une ville morte.

Rien de sensuel ne se glissait dans cette découverte. Encore un peu janséniste, je me gardais bien de troubler une quête intellectuelle de Paris. Derrière cette passion des choses, quelle indifférence pour les hommes ! Tout l'humain était englouti dans les gouffres obscurs de la conscience et oublié avec délices.

Des années plus tard, je me suis souvenu d'une halte au square des Innocents. Les nymphes de Jean Goujon m'avaient plus ému que les créatures offertes au passant, le long de la rue Saint-Denis. Malgré tout, inconsciemment, j'avais cherché l'ombre apaisante d'une église sans oublier cet excès de lenteur et de langueur sur les trottoirs. Comme ce paysage a été bouleversé, j'avais perdu le souvenir de cette lointaine promenade près des Halles. Jusqu'au jour où, en face de la fontaine, il me sembla être venu là, longtemps auparavant. L'image d'un lieu tout différent s'esquissait, avec des vieillards sur les bancs : un jardin endormi au cœur d'un grouillement de vie. Et très vague aussi se ravivait le sentiment de malaise – une inquiétude sans curiosité – qui flottait dans le quartier. Plus net me revint au fond de la bouche le goût des citrons que j'avais achetés dans une boutique sombre et odorante près de la place des Vosges et que j'avais croqués pour apaiser la soif de cette journée d'été.

Colbert par Antoine Coysevox - chœur de l'église Saint-Eustache.

En épuisant la ville, ses détours et ses contours, je parvins surtout à m'épuiser. Paris triomphait à bon compte, puisque le provincial retourna chez lui sans forces. Sébastien Mercier avouait avoir fait son *Tableau de Paris* avec ses jambes : j'ai voulu aussi, avec méthode et sans raison, conquérir la capitale avec les miennes. J'en ai été quitte pour la fatigue.

Je me privais de déjeuner pour passer des journées entières dans les salles du musée du Louvre. Le silence y est comme la fontaine de Castalie au pied du Parnasse, toujours pure, fraîche et gorgée d'inspiration. Les statuettes de Tanagra, le Gilles de Watteau et les monstres de Sumer paraissaient moins dangereux, il est vrai, que les êtres de chair et de sang dont les regards se croisent dans la rue. J'appris à connaître Paris par ce qu'il a de désincarné, préférant ce qui a disparu à ce qui va naître.

Cela prive de toute piste, de tout indice pour se guider dans cette ville, lorsqu'il faut y vivre.

Église Saint-Eustache.

1

2

3

La fontaine des Innocents (1)

« Maintenant il entendait le long roulement qui partait des Halles. Paris mâchait les bouchées à ses deux millions d'habitants. C'était comme un grand organe central battant furieusement, jetant le sang de la vie dans toutes les veines. Bruit de mâchoires colossales, vacarme fait du tapage de l'approvisionnement, depuis les coups de fouet des gros revendeurs partant pour les marchés de quartier, jusqu'aux savates traînantes des pauvres femmes qui vont de porte en porte offrir des salades, dans des paniers. » (Emile Zola le Ventre de Paris, 1873).

Le quartier des Halles n'est plus le ventre de la ville. Les nymphes de Jean Goujon pourtant ne doivent guère être étonnées de la nouvelle vie nocturne du quartier, elles qui ont vu, pendant des décennies, s'animer l'étrange cimetière des Innocents.

2 : La bourse de commerce. 3 : Voûtes de Saint-Eustache.

À droite : Le sanctuaire de Saint-Eustache.

Le Pont Alexandre III.

Le Dépôt des marbres

Pour le jeune Parisien, au contraire, Paris n'est pas un cadre dépouillé de vie, mais s'impose comme le paysage de son âme où il peut errer à plaisir. La ville **tout entière** lui parle la langue des souvenirs : Marcel Proust, enfant, joue aux Champs-Elysées, Paul Morand dans « l'éden du Dépôt des marbres, quai d'Orsay », où son père, directeur des Arts décoratifs, avait un appartement de fonction.

– Quand j'étais enfant, ma mère me conduisait au Luxembourg. Sur le banc voisin du nôtre, un vieil homme à barbe blanche venait s'asseoir. On m'expliqua que c'était un « philosophe » : il s'appelait Gaston Bachelard.

– Nous passions toujours devant un chêne que Galliéni a fait planter.

– Tu vois, à ce coin de rue, j'attendais des heures pour voir passer celle que j'aimais en secret et qui ne me regardait pas. Parfois, j'allais, le soir, sous sa fenêtre et j'essayais de deviner ce qu'elle faisait. Puis je cherchais à user mon désespoir en traversant Paris dans la nuit.

– Je connaissais tous les arbres et tous les gardiens du parc Monceau...

L'ordre naturel des choses – un apprentissage de Paris sans contraintes ni précipitation – est irremplaçable, c'est peut-être un privilège. Le provincial ne peut jamais combler son retard, quel que soit son zèle ou son acharnement.

Musée d'Orsay.

Chevet de Saint-Martin-des-Champs.

La statue de Balzac

Les chapitres de mon guide imposaient un découpage arbitraire de la cité. Le métropolitain aggrave encore ce désordre, car il transforme totalement la géographie de Paris, ou plutôt lui substitue une autre, presque imaginaire, comme, lorsqu'on tire un fil, on déforme la trame d'un tissu. Je sortais de ces galeries comme une taupe et je rayonnais autour de la bouche du métro, avant de replonger dans les ténèbres et ma cécité. D'un jour à l'autre, je me construisais une image qui torturait pour longtemps – à jamais ? – une claire compréhension de la ville. Je cousais un patchwork d'impressions et de connaissances que plus tard je fus obligé de mettre en charpie. Dans ce plan fantasmagorique, Port-Royal se situait près de l'hôtel Biron, et pas très loin du Conservatoire des arts et métiers. Bien sûr, je connaissais le pendule de Foucault comme j'aurais su décrire le jardin de l'hôtel de Saint-Fargeau, les bassins de la Mosquée ou les Vénus du Musée de l'Homme. Mais tout cela ressemblait au contenu d'un tiroir renversé, un fourre-tout où rien n'était vraiment utile.

Malgré tout, il est immense, le plaisir de retrouver plus tard un coin de rue, un jardin, une stèle.

– Tiens, la statue de Balzac se trouve donc là !

Après une découverte folle parce que raisonnée, cette redécouverte, sage parce que raisonnable, même si elle déroute l'esprit, le rassure et l'enracine dans la capitale.

– Moi aussi, finalement, j'ai un passé parisien !

Statue de Balzac au carrefour Vavin.

Rue Gay-Lussac

Cette image de Paris, encyclopédique, sans contrastes, sans épaisseur, comme sans vie, s'inscrit pourtant en filigrane pour toute connaissance ultérieure. Une caricature, un trait gras ou sanglant la transforme souvent. La capitale se laisse aussi apercevoir à travers la souffrance qu'elle impose à tant de provinciaux, lorsqu'ils font mine d'y pénétrer. C'est Venise que l'on voit à travers des larmes. Le détail de ces épreuves dissuaderait bien des hommes de franchir les mille portes de Paris,comme le manuel d'un inquisiteur doit détourner de l'hérésie.

Le Champ-de-Mars.

Une fugue, loin du nid familial, l'attirance de l'inconnu ou, plus trivialement, l'oral d'un concours réserve de ces terreurs qui bronzent l'âme ou la brisent. Nous étions arrivés ensemble, gare de Lyon, nous ne nous connaissions guère. Et nous avons partagé la même chambre d'hôtel, en face de la noble Ecole. Des journées ont glissé sur cette table minuscule, à la lumière rare de cet établissement minable. Le travail occupait des dizaines d'heures : les touristes japonais arrivaient, le ciel était bleu. Cette souffrance en commun sert de ciment à l'amitié. Parfois, l'un ou l'autre quittait cette prison pour se rendre devant ces jurys qui décident, en cinq minutes, de toute une vie d'homme. Parfois, nous apercevions, cachés derrière un rideau, un de ces professeurs qui rentrait, l'estomac fatigué de tant de têtes coupées.

Comment ensuite, ne pas ressentir de la répulsion et de la haine pour ces rues immuables, où l'on se promène le cœur serré et le ventre noué, en attendant l'heure cruelle ? Comment ne pas comprendre alors – et pour toujours – que Paris ne connaît pas la pitié ?

Pourtant chacun tait, par pudeur, ces épreuves. Nul n'oserait montrer ses cicatrices. J'ai deviné, à travers quelques illusions, ce que furent les difficultés de cette femme indomptable, dans la jungle de pierre, où elle avait voulu, seule, gagner sa liberté. Les chambres d'hôtel sans eau et peut-être sans lumière, les petits emplois où des monstres à visage humain exercent avec jouissance leur cruauté, le recours honteux aux spécialistes de la charité, mais surtout cette solitude qui mange l'âme, comme dans l'Enfer de Dante le grand Ugolin ronge le crâne de son ennemi, l'archevêque Roger.

Le quartier Montparnasse.

Hôtel de Lamoignon.

Le Marais

Cette femme s'est sauvée à Paris et par lui. Mais combien de provinciaux ou d'étrangers, s'enlisent dans les sables mouvants, ces marais qui sont toujours là, sous les pavés, et qui réapparaissent lors des crues du fleuve. D'autres ont le courage de fuir, même s'ils ont souvent la tentation de revenir plus tard, pour affronter le dieu sanguinaire qui aime les sacrifices humains comme Moloch ou Quetzalcoatl.

Pour ceux qui demeurent et survivent (la survie à Paris compte plus que la vie), un peu d'amertume s'enfonce au cœur, peut-être une haine discrète pour cette ville trop aimée, mais qui aime mal, trop éclairée, mais qui n'illumine pas.

Derrière ces ombres claires, commencent les ténèbres : le désir d'humilier, de soumettre, voire de détruire une coquette un peu cruelle.

1 : Hôtel de Sens. 2 : Hôtel Carnavalet. 3 : La façade sur jardin de l'Hôtel de Sens. 4 : Cour d'honneur de l'Hôtel de Sully.

1

2

3

4

Place des Vosges.

Portes cochères

Lorsqu'on se contente d'effleurer Paris ou d'y lutter, la ville se refuse. Elle reste un cadre vide où il est difficile de s'insérer : trop somptueux d'abord, comme ces encadrements qui dévorent la peinture; trop rigide ensuite pour ne pas blesser à mort.

Pour vivre à Paris, il ne faut plus longer cette façade froide et hautaine : il faut pousser la porte cochère. Cette initiation parisienne est d'autant plus redoutable qu'elle correspond souvent à l'entrée dans l'âge adulte : l'adolescent prend la toge virile.

Le cardinal de Bernis décrivait ainsi son entrée dans la vie : « Je cherchai des amis dans le grand monde, j'en trouvai; la réputation d'esprit que j'avais déjà acquise m'en ouvrit la porte [...] Je fis un sys-

tème raisonné de la vie que je menais, toute dissipée qu'elle paraissait être, et j'entrevis dès lors que ce plan me serait fort utile. Je résolus d'étudier les hommes de toutes les classes et de tous les ordres, et de m'instruire de la science du cœur humain, en m'amusant. » Cet abbé de cour, libertin et homme d'Eglise, mondain et homme d'Etat, résume tout le cynisme intelligent du XVIIIe siècle.

Cent cinquante ans après cette déclaration d'ambition, ma mère, parmi les enfants des écoles, se rendait au « Château » pour saluer une vieille comtesse qui portait le nom de ce prélat d'Ancien Régime. La noble dame, fille de banquier, avait épousé un rejeton de cette famille, où elle avait apporté sa dignité, son argent et sa piété. Entre temps l'ambition s'était posé un doigt sur les lèvres pour mieux se taire.

Le pavillon du roi vu de la rue de Birague.

La place des Vosges

« Puis la noblesse, compromise au milieu des boutiques, abandonna la place Royale, les alentours du centre parisien, et passa la rivière afin de pouvoir respirer à son aise dans le faubourg Saint-Germain... » (Honoré de Balzac, La Duchesse de Langeais, 1834).

Henri IV avait voulu créer un quartier luxueux dans ce «marais» abandonné, autour de la place Royale (devenue des Vosges en 1800). Avec le temps, ces hôtels ne furent choisis que par les magistrats, la noblesse de robe. La mode, celle que lançaient les courtisans, avait choisi le noble faubourg, laissant les artisans et les boutiquiers envahir et transformer les demeures aristocratiques. Aujourd'hui, la vague revient vers le Marais et il est émouvant de voir disparaître les ateliers et les échoppes des bâtiments restaurés à grands frais.

La place de la Concorde

« Puis, relevant les yeux, il découvrit là-bas, derrière la place de la Concorde, la Chambre des députés. Et il lui sembla qu'il allait faire un bond du portique de la Madeleine au portique du Palais-Bourbon. » (Maupassant, Bel-Ami, 1885).
La perspective de la rue Royale devient pour l'ambitieux celle de sa carrière, du mariage au portefeuille ministériel.

La rotonde de la Vilette.

La barrière d'Enfer

Bernis avait le privilège d'entrer à la fois dans Paris et dans le grand monde, cette écume dorée de la société, où le provincial riche, par des filières commodes, trouve naturellement sa place. Le monde, en revanche, est plus impénétrable pour celui qui ne sait pas où en sont les entrées. Les portes de Paris n'ouvrent plus Paris. Le passant contourne la porte Saint-Martin. Et qui prête attention aux bureaux de l'octroi, dessinés par Ledoux ? Le Lion de Belfort étonne plus. Et qui se souvient que la Révolution française décida justement la destruction des « barrières » ? Paris n'est plus gardé. Il se garde lui-même mieux que les forteresses. La ville a trouvé en son cœur sa propre carapace !

Le monde, c'est l'univers des adultes, de l'argent, du travail et du plaisir. Le paysan à Paris comme Rétif de La Bretonne, arrivant de son village de Nitry, doit en même temps découvrir ce monde-là et la ville redoutable, sans savoir si les mêmes clefs ouvrent l'un et l'autre, ou s'il est possible d'avoir un passe-partout.

Le pavillon de Ledoux, place Denfert-Rochereau

La « barrière d'Enfer » rappelle l'enceinte des Fermiers-Généraux, construite au XVIIIe siècle. La barrière du Trône, la rotonde de la Villette et la barrière de Chartres (dans le parc Monceau) sont aussi des bureaux d'octroi, imaginés par l'architecte visionnaire Ledoux. Victor Hugo a rappelé le mécontentement des Parisiens : « Le mur murant Paris rend Paris murmurant. »

Le peuple n'allait-il pas, hors de l'enceinte, boire le vin non taxé, donc moins cher ? L'un des premiers actes de la Révolution fut de détruire ce symbole des contraintes économiques :

« On se pourvoit de piques, de bâtons, de fourches, de sabres, de pistolets; on pille Saint-Lazare, on brûle les barrières. » (Chateaubriand, Mémoires d'outre-tombe).

1

2

3

4

1 : Pavillon de la Place Denfert-Rochereau.

2 : Pavillon du Parc Monceau.

3 : Pavillon de la Place de la Nation.

4 : Détail de la Porte Saint-Denis.

Kiosque de l'Empereur sur une île du lac inférieur au Bois de Boulogne.

Le bassin des Ernest

Ce jour-là, j'étais emprunté, en face du directeur de cette grande Ecole, ironique et affable. Je venais de connaître mon premier dimanche amoureux et en restais quelque peu abasourdi. Le vieil homme et l'adolescent n'avaient rien à se dire, mais, comme la rencontre faisait partie des usages, il convenait que le silence fût meublé. J'osai :

– Quand on arrive, à Paris, on se sent un peu perdu.

A une telle platitude, l'universitaire se devait de répondre avec bienveillance :

– Vous êtes encore un canard boiteux...

Là, il jeta un regard vague sur mon veston trop voyant et ma cravate désolante :

– ... mais vous devez quitter cette enceinte. Vous êtes comme ce jet d'eau (il eut un geste vers la fenêtre et le jardin où chantait l'eau du bassin des Ernest, ces poissons rouges auxquels les élèves ont donné autrefois le prénom d'un directeur). Vous êtes emprisonné entre quatre murs. Vous devez partir vers l'extérieur, à l'aventure.

Ce conseil glissa comme une goutte sur le plumage du jeune canard et, pourtant, le trait avait porté : je souffre désormais avec les fontaines. Le savant ne pouvait deviner que l'aventure, je l'avais déjà connue, en suivant dans la rue une silhouette. Déjà, je défaisais les liens qui me bridaient encore, je libérais ma vie et mon corps. Avec de la précipitation et de la rage. De plus en plus vite, de plus en plus facilement. Je déchirais un peu de mon âme, par la même occasion.

Le provincial à Paris n'est-il pas un « Prométhée mal enchaîné » ?

Le bassin des Ernest à l'École normale supérieure, rue d'Ulm.

Notre-Dame de Paris

Plusieurs années auparavant, j'avais essayé de me pencher sur le plan de Paris qui sert de bréviaire aux provinciaux affamés de capitale et qui s'imprime dans le cervelet des Parisiens enivrés d'eux-mêmes. C'était à la campagne, pendant les vacances de Pâques. Chaque soir, je recommençais cette description que Victor Hugo a donnée de la ville médiévale dans *Notre-Dame de Paris*. La reliure du livre était belle, le balancier de l'horloge berçait la vaste cuisine de ma grand-mère. Je sirotais quelque tisane.

Tout, dans cette vision à vol d'oiseau, me semblait étranger, lointain, inconnu : je cherchais en vain des repères dans cette forêt de noms et de pinacles que le poète déclame du haut de ses tours. Désemparé, je ne trouvais pas mon chemin.

Indistinctement, je sentais que cette découverte de Paris et la connaissance de ses noms seraient un exercice utile, peut-être une obligation. Mais, dans ce répertoire, rien ne parlait au cœur, rien n'appelait au plaisir.

Victor Hugo suggère tout ce qui fait une capitale : « Ce sont des entonnoirs où viennent aboutir tous les versants géographiques, politiques, moraux, intellectuels d'un pays, toutes les pentes naturelles d'un peuple; des puits de civilisation, pour ainsi dire, et aussi des égouts, où commerce, industrie, intelligence, population, tout ce qui est sève, tout ce qui est vie, tout ce qui est âme dans une nation, filtre sans cesse goutte à goutte, siècle à siècle. »

Nef et façade de Notre-Dame.

1

2

3

4

La cathédrale Notre-Dame

1 : Rose du transept sud. 2 : Les linteaux du portail du Jugement dernier. 3 : Le sanctuaire. 4 : La croisée du transept.

Page de droite : Flanc sud de la cathédrale.

La cathédrale Notre-Dame.

Le flanc sud de la cathédrale.

Le chevet de Saint-Sulpice. « Le faubourg, aussi élégant qu'une belle rue de Paris. » (Arthur Rimbaud, « Villes », Illuminations, publié en 1886).

La fontaine des Quatre-Orateurs sur la place Saint-Sulpice représente Bossuet, Fénelon, Fléchier et Massillon.

Les clarinettes de Saint-Sulpice

Cette évocation ne manque pas de beauté avec le « gâteau de Savoie » du Panthéon, la « casquette de jockey » de la Halle au blé, les « deux grosses clarinettes » que sont les tours de Saint-Sulpice. L'imagination du poète fait surgir le passé, avec des ventres déboutonnés, des futaies de flèches, de clochetons, de cheminées, et même des échiquiers de pierre. Paris cesse d'être Paris par la seule vertu de la métaphore. Hugo rêve sur les « prés » de Saint-Germain, les « champs » de Notre-Dame, sur le « Marais » où César s'est embourbé et sur les « ruines mal hantées » de Vauvert. Il recrée l'Université du Moyen Age comme on décrit Oxford ou Cambridge.

Sur l'échelle de l'art – pour Hugo, il y a forcément une progression vers le haut –, le poète s'arrête à chaque échelon. Un roi, un monument, comme dans la loi allemande autrefois : « Tel prince, telle religion » ! Les Tuileries pour Catherine de Médicis, l'Hôtel-de-Ville pour Henri III, la place Royale pour Henri IV; le Val-de-Grâce convient à Louis XIII, les Invalides à Louis XIV, Saint-Sulpice à Louis XV, l'Ecole de médecine à la République, la colonne Vendôme à Napoléon et la Bourse à la Restauration.

Pour l'enfant, enfoui dans la douceur de ses rêves, Paris n'était rien. Ni un mythe, ni une tentation. Jamais il ne me serait venu à l'esprit qu'un jour je visiterais la capitale, et encore moins que j'y vivrais. Je partageais avec les miens cette indifférence mêlée d'agacement face à la ville trop sûre d'elle-même.

Nul ne peut connaître Paris de loin, alors que Délos ou Chitchen Itza éblouissent plus encore à des milliers de kilomètres de la Grèce ou du Yucatan.

FLECHIER
EVEQUE
DE NIMES

L'Hôtel de Salm, palais de la Légion d'Honneur.

L'Hôtel des Grands Hommes

Pour le provincial comme pour le touriste, les noms de lieux ne disent rien. Paris se tait, dédaignant celui qui ne fait que passer, comme celui qui ne fait que souffrir. Les noms de Paris n'éveillent aucun écho, aucun souvenir. La ville demeure lisse et plate, même si elle est brillante. Glissante, elle ne retient pas.

Sur l'île d'Egine, en face d'Athènes, une femme à l'invraisemblable chignon noir et sa fille étaient descendues au même hôtel que moi, Hiératique, la mère restait assise sans bouger sur la plage, regardant la mer et son enfant jouer. Elle appelait sa fillette à voix basse.

La propriétaire de l'hôtel lisait *Bel-Ami* dans le texte et soignait, avec de l'huile d'olive, les piquants d'oursin sur lesquels j'avais eu le tort de marcher. Elle me parlait de ses clients et de cette femme étrange :

– C'est une habituée, elle est française. A Paris, elle tient l'hôtel des Grands Hommes.

Ce nom me faisait sourire mais ne me disait rien. Je ne pouvais imaginer qu'il ferait partie de mon paysage quotidien, à côté des pompes funèbres de Monsieur de Borniol. Je ne savais pas que le surréalisme avait trouvé là son berceau et que la façade, photographiée dans la *Nadja* d'André Breton, appartenait à notre histoire littéraire : « Je prendrai pour point de départ l'hôtel des Grands Hommes, place du Panthéon, où j'habitais vers 1918... »

Le Panthéon

Léon Daudet, qui n 'aimait guère la République, a décrit, dans ses Souvenirs littéraires, l'enterrement de Victor Hugo, vraie apothéose républicaine et, à cette occasion, il ironise sur le Panthéon :

« ... une crypte froide, où la gloire est représentée par un écho que fait admirer le gardien. C'est ici la chambre de débarras de l'immortalité républicaine et révolutionnaire. On y gèle, même en été, et la torche symbolique au bout d'une main, qui sort de la tombe de Rousseau, a l'air d'une macabre plaisanterie, comme si l'auteur des Confessions ne parvenait pas à donner du feu à l'auteur des Misérables. »

Le Sacré-Cœur.

Le Sacré-Cœur de Montmartre

« Entourée de flammes ferventes Notre-Dame m'a regardé à Chartres
Le sang de votre Sacré-Cœur m'a inondé à Montmartre
Je suis malade d'ouïr les paroles bienheureuses
L'amour dont je souffre est une maladie honteuse. »
(Apollinaire, « Zone », Alcools, 1920).

Le Sacré-Cœur a été consacré en 1919. Il est étonnant de voir comment cette basilique, née d'une volonté politique — effacer les souvenirs de 1870 —, fut et est encore la source d'élans mystiques.

Le pont de Bir-Hakeim.

LE CIMETIÈRE DU PÈRE-LACHAISE

Parce que Paris se laisse peu à peu pénétrer, il acquiert cette épaisseur – celle de la vie – qu'il n'avait pas encore. Dans la *Comédie humaine*, la ville s'impose comme un des personnages principaux et ce n'est pas un hasard si le réalisme romanesque du XIXe siècle s'est plu à décrire Paris et l'ambition en même temps. L'un et l'autre se répondent, comme si la pension Vauquer reflétait l'univers.

Julien Gracq a écrit que le génie de Balzac avait un lien avec son besoin de parvenir. « Toutes les valeurs qu'il voulait acheter : les duchesses, le ministère, la haute banque, sont celles que plébisciterait une table d'hôte. » L'ambition a donné à la vie de l'écrivain sa pesanteur, mais elle a fait aussi courir sa plume.

Balzac a voulu ouvrir les portes de Paris. Par de belles relations ou une fortune rapide. Il a échoué : il s'est vengé en écrivant, en construisant une ville de mots, à la dimension de ses désirs, comme Amphion a édifié Thèbes au son de sa lyre.

Néanmoins, l'ambition l'avait suffisamment livré au monde pour que ce dernier s'engouffrât dans la fiction, comme le vent des tropiques que l'on attend toute la journée mais que nul ne peut supporter lorsqu'il se lève. Balzac voulait dominer la comédie des hommes et c'est elle qui lui a dicté ses feuilletons. Il désirait entrer en maître dans Paris, et Paris a subjugué son imagination.

« A nous deux maintenant » : tout tient dans ce défi de Rastignac qui regarde Paris depuis le Père-Lachaise – aujourd'hui, la ville est cachée par des constructions nouvelles. Rastignac a observé la cruauté et la souffrance, il a vu les deux voitures, armoriées mais vides, des gendres du Père Goriot, derrière le corbillard de ce martyr de la paternité : les deux filles ingrates ne sont pas venues. Rastignac doit réussir.

Lucien de Rubempré, lui, n'a ni les reins, ni les nerfs assez solides. Il doit être détruit. Il doit même se détruire : il se suicide en prison.

Rastignac ou Rubempré, y a-t-il pour l'ambitieux une autre alternative ?

Dans l'antichambre de cet homme qui avait eu tant de pouvoir et qui avait tout perdu, quelqu'un avait oublié, par hasard, *Illusions perdues*.

Bernadin de Saint-Pierre, au jardin des Plantes, au-dessus de ses héros Paul et Virginie.

La tour de César, la tour d'Argent et la tour Bonbec
« Il n'est bon bec que de Paris » écrivait François Villon pour signifier que les Parisiennes parlaient bien. La tour Bonbec est la troisième de la Conciergerie. Elle aurait reçu ce nom parce que la torture y faisait crier les détenus et qu'on y finissait toujours par avouer.

Vue aérienne de la Seine.

Le canal Saint-Martin

Des murailles invisibles compartimentent Paris et font qu'un provincial, après plusieurs années passées dans la capitale, peut se retrouver sur la place Notre-Dame-de-Lorette aussi étonné qu'à Carthage ou à Los Angeles. Et il met en doute la parole de Flaubert, en lisant la description du canal Saint-Martin et de son « eau couleur d'encre », au début de *Bouvard et Pécuchet*. « Où diable a-t-il vu un canal ? » Entre Athènes et Le Pirée, deux longs murs furent édifiés pour protéger le commerce. Combien de Parisiens se plaisent aussi dans des itinéraires immuables à travers la ville entre deux hauts murs invisibles ? Ils semblent avoir peur de ne pas retrouver leurs traces !

Beaucoup de Parisiens vivent dans la capitale comme dans un village. « Cette partie de ma famille, écrit Morand, peuplait la Cour des comptes de conseillers, maîtres et référendaires : c'était la province à Paris. Le vrai Paris, je le trouvai chez nous; on n'y était classé que par le talent, et par l'originalité. » Comment ne pas sentir ce que cet enfermement volontaire a de rassurant ? Les jeunes séminaristes de Saint-Sulpice, au XVIIIe siècle, devaient suivre des enseignements à l'Université. Le long du trajet – bien court au demeurant – pour qu'ils ne fussent pas séduits par le monde ou tentés par les passants, leurs maîtres les obligeaient à mener des discussions théologiques ininterrompues. Ce qui faisait rire les badauds !

A la fin, l'immuable peut prendre des allures d'éternité. Lorsque nous allions prendre le café au *Rostand*, en face du Luxembourg, nous savions que, quelques minutes avant deux heures, José Corti devait passer pour se rendre à sa boutique d'éditeur-libraire. Enveloppé dans son manteau, au bras de sa femme, il marchait à petits pas, perdu dans une conversation toujours animée. Il semblait, précis et régulier, marquer les minutes, comme une aiguille au cadran d'une horloge imaginaire dont le centre eût été la chapelle de la Sorbonne. En le voyant, on savait qu'il allait être deux heures.

Le canal Saint-Martin

« Plus bas, le canal Saint-Martin, fermé par les deux écluses, étalait en ligne droite son eau couleur d'encre. Il y avait au milieu un bateau plein de bois, et sur la berge deux rangs de barriques.

« Au-delà du canal, entre les maisons que séparent des chantiers, le grand ciel pur se découpait en plaques d'outremer, et, sous la réverbération du soleil, les façades blanches, les toits d'ardoises, les quais de granit éblouissaient. »

(Gustave Flaubert, Bouvard et Pécuchet, publié en 1881).

Saint-Pierre-de-Montmartre et le Sacré-Cœur.

La caserne de Reuilly

L'ambitieux comprend très vite qu'il faut connaître Paris pour ne pas se perdre, pour ne pas s'y perdre. Il prononce les noms de la ville comme autant de sésame ouvre-toi. Et avec quel plaisir il aime bientôt se faire guide à travers la capitale, tout heureux de chanter son savoir nouveau ! Par l'écho qu'ils éveillent, ces noms de rues, de monuments ou de quartiers font frémir, comme des alexandrins appris par cœur à la petite école et retrouvés au fond de la mémoire.

« La vérité ! s'écrit Gabriel (geste), comme si tu avais cexé. Tout ça (geste), tout ça c'est du bidon : le Panthéon, les Invalides, la caserne de Reuilly, le tabac du coin, tout. Oui du bidon. » Que répondre d'autre à cette Zazie qui ne veut découvrir de Paris que le métro ? Comme si la petite fille de Raymond Queneau devenait l'anti-Rastignac, comme si l'humour et l'insolence servaient d'antidote à l'ambition.

L'ambitieux est un homme pressé. Pour lui, les Invalides signifient de somptueuses cérémonies militaires et un mariage avec la fille d'un général. Il ne songe jamais aux éclopés de toutes les guerres qui y ont trouvé refuge. Les Tuileries, la Salpêtrière ou le Carrousel n'évoquent plus des tuiles, de la poudre ou des joutes, tant les mots s'usent au contact des jours.

Pour apprendre ces noms de lieux, l'amateur de Paris, doit accomplir un apprentissage, tantôt livré au hasard, tantôt soumis à la nécessité.

L'église Saint-Louis des Invalides

« Je fus hier aux Invalides, j'aimerois autant avoir fait cet établissement, si j'étois prince, que d'avoir gagné trois batailles : on y trouve partout la main d'un grand monarque. Je crois que c'est le lieu le plus respectable de la Terre. » (Montesquieu, Lettres persanes, lettre LXXXIV, 1721).

Jean-Jacques Rousseau, dans ses Rêveries du promeneur solitaire (publiées en 1782) évoque aussi les invalides des Invalides :

« Ce bel établissement m a toujours intéressé. Je ne vois jamais sans attendrissement et vénération ces groupes de bons vieillards qui peuvent dire comme ceux de Lacédémone :

"Nous avons été jadis

Jeunes, vaillants et hardis."»

L'Hôtel de Cluny.

QUARTIER LATIN

Où naît-on à Paris ? Dans sa famille ou dans une école austère loin des siens, au déclin de l'adolescence; dans un foyer d'immigrés ou dans un hôtel particulier, dans la rue ou dans un jardin.

Comme beaucoup d'autres, je suis né à Paris, vers dix-huit ans, sur les pentes de la montagne Sainte-Geneviève. Julien Gracq a décrit ce pays latin qui semble « porter le sceau revêche de quelque cléricature, universitaire ou religieuse ». La place du Panthéon semble abandonnée par les hommes aux vents mauvais. La foule a coulé au bas de la colline : « Si la vie devait un jour se retirer de Paris, il me semble toujours que c'est là, et nulle part ailleurs, que les premiers brins d'herbe perceraient entre les pavés. »

Notre professeur de français nous avait dit un jour : « Si vous levez la tête vers le dôme du Panthéon et si vous fixez des yeux la colonnade, vous verrez l'ensemble tourner. » Parce que nous avions une foi totale en nos maîtres et en leurs impressions poétiques, nous avons souvent tourné nos regards vers la gigantesque église. J'attendais ce miracle comme le voyageur antique face à la statue de Memnon attendait le chant de la pierre aux rayons du soleil. Je fus toujours déçu.

Saint-Étienne-du-Mont
«... j'ai été frappé, en longeant le Panthéon du côté de la bibliothèque Sainte-Geneviève, par le caractère monumental, claustral et froid de cette acropole basse, dont je me suis souvenu un peu en écrivant le dernier chapitre du Rivage des Syrtes — un morceau d'une Rome bâtarde, à la fois antique et jésuite, échoué à l'écart sur la colline, d'où la vie a coulé de toutes parts vers les pentes basses...»
(Julien Gracq, Lettrines, t. II, 1974).

Passage Choiseul

Pont-Marie.

L'initiation parisienne d'André Breton n'est pas celle de Céline. Le pape du surréalisme suit l'amour et la fantaisie de Nadja à travers Paris. C'est un lac gelé où il peut faire mille ronds et mille pirouettes.

Au contraire, les héros de Céline suivent l'écrivain là où il est né, où il a vécu, où il a souffert. Paris devient alors un carré de betteraves où s'enfonce la charrue. La ville ne sert que de toile de fond. Pourtant, elle est présente. Le « passage » Choiseul est la colonne vertébrale de la création célinienne : simplement parce qu'il a couru là son enfance. On connaît le détail des boutiques – madame Juvienne, la parfumeuse du 72, le pâtissier Largenteuil, la papetière du 86 – personnages de roman ou souvenirs anciens ? Voilà l'attention passionnée d'un homme qui n'est jamais parvenu à se perdre dans la capitale, car il en connaissait les raccourcis. Pour se quitter, Céline part fouiller la Zone *non aedificandi* : « Depuis quinze ans, dans la Zone, qu'ils me regardent et qu'ils me voient me défendre, les plus résidus tartignolles, ils ont pris toutes les libertés, ils ont pour moi tous les mépris. » Sur la rétine de chacun, un paysage s'imprime, souvent celui de l'enfance. Toute la vie, on ne veut que le retrouver lorsqu'il est loin, et l'éloigner lorsqu'il s'approche.

Paris fait la somme de tous ces paysages. La ville reflète même la terre **toute entière**. Elle a ses forêts noires comme celles de la Taïga, ses jardins à la française et ses jardins de curé, ses steppes où se dressent quelques troncs désolés, ses forêts domaniales et ses parcs abandonnés. Marivaux, qui venait de Riom, fit dire à l'un de ses personnages que « Paris c'est le monde », et que « le reste de la terre n'en est que les faubourgs ». C'était trop dire ou trop cacher.

Les Invalides.

L'Hôtel de Beauvais

Malgré tout, le provincial peut se sentir noyé dans cette mer de pierre, submergé par ce flot d'images nouvelles, égaré par tant d'égarements. Il lui vient alors la tentation de marcher sur les traces des « hommes illustres ». Dans les capitales, on côtoie la gloire comme la misère ! On passe cent fois devant la maison où Paul Valéry a créé Monsieur Teste; devant l'hôtel de Beauvais où Mozart, enfant, a séjourné, bien avant la symphonie parisienne; devant la demeure où Frédéric Chopin a vécu. Les plaques de marbre, qui ornent les façades, sont froides comme les dalles des tombeaux. Mais elles donnent une signification à une maison, elles la tirent de son anonymat : ce sont des visages reconnus dans la foule. Un lambeau de Paris s'inscrit dans un livre d'éternité.

Rue François Miron, cette plaque rapelle la visite de Mozart à Paris.

– Voyez, Henri Bergson a contemplé ce jardin avant de mourir.

– Gertrude Stein remontait ma rue.

– Derrière ces hauts murs, Augustin Thierry inventait des invasions de Barbares, en lisant les *Martyrs*. Le jeune historien, malade, y reçut la visite de Chateaubriand. Il voulut se lever, mais tomba dans les bras de l'Enchanteur, ému de voir tant de talent et de malheur.

Par jeu, naguère, nous ânonnions ces textes stéréotypés dont la sécheresse résonne comme un défi à la grandeur.

Comment ne pas deviner la rancœur et l'envie de l'édile qui a eu l'idée de poser ce souvenir d'un plus illustre que lui ? Mais, derrière la redingote du notable qui inaugure et gonfle son discours, Paris rend grâce. Voici des ex-voto que la ville offre à sa gloire pour la remercier d'avoir touché l'un de ses enfants. Même si la pluie glisse sur des mots sans ferveur – rien des somptueux textes nécrologiques que le XVIIe siècle gravait pour ses fils au cœur des églises – cela prouve que Paris a la mémoire solide et sait être reconnaissant. La réputation, à Paris, nourrit la gloire de Paris.

Finalement, ces pistes – qui parlent au savoir, à l'imagination ou à l'intuition – restent peut-être les seules qui vaillent. Qu'un lieu soit évoqué au détour d'un texte ou qu'un souvenir plane sur une place, une rue ou une maison, et le ciel de Paris semble changer de couleur.

La cour de l'Hôtel de Beauvais.

Polyphème - Fontaine des Médicis, jardin du Luxembourg.

La fontaine Médicis

Près de la fontaine Médicis, les « faux-monnayeurs » de Gide se réunissent encore; à la terrasse de ce café, l'auteur des *Nourritures terrestres*, n'en doutez pas, écrit une page de son Journal; Oscar Wilde prend le thé dans ce salon d'hôtel, rue des Beaux-Arts.

Bien sûr, le fétichisme littéraire a le goût de poussière. A Illiers, baptisé Combray en l'honneur de Marcel Proust, nous étions partis en pèlerinage, un jour d'automne. Le charme ne vint pas de la maison de Tante Léonie – sa façade bourgeoise nous fit fuir –, ni des petites madeleines qui font rire, ni même de la haie d'aubépines, encore moins de « l'odeur d'invisibles et persistants lilas ». Le plaisir naquit d'une longue promenade dans la terre molle de la campagne chartraine.

Les cultes funéraires hésitent toujours entre le morbide et le ridicule, et, pourtant, ils font, paradoxalement, la vie de toute religion. Celle de Paris trouve sa substance dans cette adoration des thuriféraires à la mémoire longue, qui font des processions pour honorer les autels de leurs saints. Paris sait multiplier les stations où s'arrêtent ces convulsionnaires de l'Histoire.

La fontaine Médicis
« La rue de T..., où Bernard Profitendieu avait vécu jusqu'à ce jour, est toute proche du jardin du Luxembourg. Là, près de la fontaine Médicis, dans cette allée qui la domine, avaient coutume de se retrouver a chaque mercredi entre quatre et six, quelques-uns de ses camarades. On causait art, philosophie, sports, politique et littérature.» (André Gide, les Faux-Monnayeurs, 1925).

La Conciergerie.

« Un jeune homme de dix-huit ans, à longs cheveux et qui tenait son album sous son bras, restait auprès du gouvernail, immobile. A travers le brouillard, il contemplait des clochers, des édifices dont il ne savait pas les noms ; puis il embrassa, dans un dernier coup d'œil, l'île Saint-Louis, la Cité, Notre-Dame ; et bientôt, Paris disparaissant, il poussa un grand soupir. » (Gustave Flaubert, l'Éducation sentimentale, 1869). Frédéric Moreau quittait Paris par le bateau pour regagner Nogent-sur-Marne, un jour d'automne brumeux. Il allait revenir et connaître à Paris l'amour et la Révolution. Aujourd'hui la découverte de Paris par le fleuve est presque un privilège des touristes qui prennent les bateaux-mouches.

Paris-Beaubourg

La religion des ancêtres illustres, la recherche d'une généalogie et le recours aux « grands hommes » sont des péchés de jeunesse, mais une étape nécessaire aussi. L'admiration peut devenir haïssable, car elle n'apprend pas cette vérité première, à savoir que les hommes sont égaux. Mais l'âme reste stérile si elle n'a jamais admiré. Le stade de l'admiration a de l'utilité, s'il est dépassé.

Sans famille à Paris, comment résister à la tentation de chercher des guides ? Dante, aux Enfers, comme au Paradis, s'était choisi Virgile.

Pour se dégager de ces ornières, il suffit d'observer l'admiration d'autrui. Comme le plaisir que prennent les autres et dont on est soi-même frustré, l'admiration qu'ils ressentent semble toujours une indécence.

Les vitrines de l'exposition Paris-Paris à Beaubourg retraçaient avec des éditions originales, des portraits et des autographes, l'histoire littéraire de la France de 1937 à 1957 : une galerie des précurseurs. Mais en voyant cet homme, bouffi d'orgueil et de politesse, prendre des écouteurs et écouter les voix de ces « chers disparus », sauvées par la radio, comme ne pas haïr ce culte des morts ?

Les adolescents aiment se promener dans les cimetières. Il y a encore de jeunes Hamlet – j'en ai connu qui y rôdaient la nuit et contemplaient avec douleur les crânes abandonnés par le fossoyeur. Cette mélancolie survient comme une maladie.

Elle devient souvent, dans le monde, une comédie – « Il nous manque déjà », dit-on avec jubilation des morts illustres qui encombraient la scène. Chacun, néanmoins, songe à l'indifférence qui sonne comme le glas même de toute oraison funèbre.

Le drame humain apparaît lorsque cette admiration cesse d'être un simple complexe, qui se jette comme la gourme, mais une autre façon de connaître et de sentir. L'érudition et l'académisme, tout en étant des sources de vie – intellectuelle d'un côté, sociale de l'autre – ne s'épargnent pas de tels pièges. Les inventeurs et les créateurs se heurtent parfois à ce respect immodéré des maîtres : tous n'ont pas le courage d'un grand éclat de rire, celui de Till Eulenspiegel, dans la musique de Richard Strauss, qui défie toutes les autorités et libère une nation.

L'animation de la Piazza devant le centre Georges-Pompidou

« Quelques jours après qu'ils se feurent refraichiz, il visita la ville, et fut veu de tout le monde en grande admiration, car le peuple de Paris est tant sot, tant badault et tant inepte de nature, qu'un basteleur, un porteur de rogatons, un mulet avecques ses cymbales, un vielleur au mylieu d'un carrefour, assemblera plus de gens que ne feroit un bon prescheur evangelicque. »
(François Rabelais, Gargantua, 1534).

L'arc de triomphe du Carrousel

Charles Baudelaire a rêvé dans ses «Tableaux parisiens» aux douleurs de la ville, et l'image d'Andromaque la veuve et la mère, a surgi naturellement :

« Ce Simoïs menteur qui par vos pleurs grandit,
A fécondé soudain ma mémoire fertile,
Comme je traversais le nouveau Carrousel.
Le vieux Paris n'est plus (la forme d'une ville
Changè plus vite, hélas ! que le cœur d'un mortel). »
(Les Fleurs du mal, 1857).

Le Louvre se dépouillait peu à peu des maisons qui l'encombraient pour prendre son visage actuel. L'Arc de Triomphe, élevé par Napoléon à l'entrée du palais des Tuileries, fut ainsi dégagé. Il le fut plus encore par la destruction du palais lui-même.

L'ARMEE FRANÇAISE EMBARQUEE A BOULOGNE MENAÇAIT L'ANGLETERRE
UNE TROISIEME COALITION ECLATE SUR LE CONTINENT:
LES FRANÇAIS VOLENT DE L'OCEAN AU DANUBE.
LA BAVIERE EST DELIVREE. L'ARMEE AUTRICHIENNE PRISONNIERE A ULM
NAPOLEON ENTRE DANS VIENNE. IL TRIOMPHE A AUSTERLITZ;
EN MOINS DE CENT JOURS LA COALITION EST DISSOUTE

La Conciergerie.

Rive droite, rive gauche

Chacun, plus ou moins inconsciemment, suit, à Paris comme ailleurs, ses héros, qu'ils soient brigands ou philosophes, hommes d'Etat ou hommes de peu, ducs ou clochards, courtisans ou prêtres.

La vie humaine, pour ne pas s'effondrer, a besoin de modèles, familiaux ou collectifs, comme elle a besoin de repoussoirs.

L'ambition aussi se nourrit de réussites exemplaires. Bien sûr, dans la langue de notre temps, les « carrière » ont remplacé les « vies admirables » du Grand Siècle. Aujourd'hui, nul ne reconnaîtrait volontiers que ses propres choix aient germé dans la vie d'autrui. « Ni Dieu, ni maître. » L'admiration ne se montre plus, elle se trahit. Il faut attendre le détour ombragé d'une conversation pour découvrir que cet homme, qui a fait toute sa carrière dans le monde des lettres et se pique de n'admirer personne, ne parle avec chaleur que d'un vieux constructeur d'avions de guerre.

L'admiration se réserve les sans-grade, ou mieux pour les illustres sans lustre ni lumière. Ceux qui ont refusé l'ambition deviennent les dieux des ambitieux – une belle figure de professeur ascétique, un moine austère et perclus, un médecin du tiers-monde, une vieille institutrice, un curé de campagne.

Les quais de Paris

« Si j'ai jamais goûté l'éclatante douceur d'être né dans la ville des pensées généreuses, c'est en me promenant sur ces quais, où, du Palais-Bourbon à Notre-Dame, on entend les pierres conter une des plus belles aventures humaines, l'histoire de la France ancienne et de la France moderne. » (Anatole France, Pierre Nozière, 1899).

L'organiste de Saint-Gervais

Longtemps, l'admiration a semblé avoir une grande vertu pédagogique. Les penseurs du soupçon ont jeté le discrédit sur cette tentation de l'homme qui cherche sa volonté de vivre ailleurs qu'en lui-même. Les philosophes de la révolte voyaient dans ces figures proposées comme modèles, dans ce conformisme, la cause première des malheurs humains.

Avant Nietzsche et ses épigones, il semblait naturel de penser qu'un individu, en se choisissant des modèles, balisait les chemins de sa vie. En se hissant sur le socle de leurs statues, il se dépassait lui-même.

Détails du mausolée du chancelier Michel Le Tellier à Saint-Gervais-Saint-Protais.

Rien du « Deviens ce que tu es » de l'auteur de *Ainsi parlait Zarathoustra*.

Au contraire, la maxime eût été plutôt « Deviens ce qu'ils furent ». Chacun aménageait dans son esprit une galerie de portraits. Pour les fêtes romaines aussi, les images des ancêtres assistaient les vivants.

Combien d'hommes se sont ainsi placés délibérément dans une lignée ? Montaigne, pour définir sa foi, fait l'apologie de Raimond Sebond. Les « Vies parallèles » et les « Dialogues des morts » sont autant des leçons de morale que des pages d'histoire. Ravel compose son *Tombeau de Couperin* en hommage au maître de Saint-Gervais. Et Nicolas Machiavel parle, sur le ton de l'évidence, de ces modèles que le prince doit se trouver dans l'histoire du monde. Le secrétaire du gonfalonier de Florence proposait trois « ancêtres » à Laurent II de Médicis : Moïse, Cyrus et Thésée.

Le besoin de modèles trahit une loi du comportement humain. L'imitation dispense du souci de créer, à chaque instant, sa vie. Cette explication vaut pour le bien comme pour le mal, pour le grand comme pour le petit, pour le laid comme pour le beau. Les criminologistes qui ont suivi Tarde y ont même trouvé la base de leurs théories. Malgré ses défauts, cette vision vaut mieux que celles qui voient dans la « nature », le « caractère », le corps, les seules motivations de nos méfaits comme de notre grandeur.

Saint-Gervais-Saint-Protais.

ARC DE TRIOMPHE

L'Arc de Triomphe.

L'admiration pour les grands hommes ne résiste pas à Paris. Derrière les héros, apparaissent bientôt les guignols. S'il n'est pas de grand homme pour son valet, Paris aime les ragots de l'office. Lauzun s'était couché sous le lit où se trouvaient Louis XIV et la Montespan : Paris se glisse volontiers sous le lit de ceux que tous les Parisiens flattent et adorent.

La gloire n'existe plus. C'est un vieux mot. Pour Alfred de Vigny tout au plus, qui avait l'idée fixe d'un soldat manqué : « Il me prit alors plus que jamais un amour vraiment désordonné de la gloire des armes; passion d'autant plus malheureuse que c'était le temps où, précisément comme je l'ai dit, la France commençait à s'en guérir... » La société d'aujourd'hui admet seulement la notoriété, une sorte de capital accumulé à force de paraître et d'apparaître au travers des images qui peuplent notre monde. La notoriété ne présuppose pas une qualité supérieure, une vertu surhumaine, mais, plus vraisemblablement, elle témoigne d'un acharnement, d'une volonté, voire d'un sacrifice, qui méritent d'être récompensés.

La notoriété est friable, relative, contestable. Le Persan de Montesquieu se montrait sensible à cette rumeur fantasque et versatile qui auréole, pour un temps ou pour longtemps, un individu. Aujourd'hui, un nom est prononcé pour la première fois – « De qui parlez-vous ? » –; demain son nom sera dans toutes les bouches La femme de la province d'Erivan, aux dires de Rica, avait reçu un bienfait du roi de

Perse : tout ce qu'elle souhaitait à ce monarque pour le remercier, c'était de devenir gouverneur de la province. Tant il est vrai que chacun voit midi à sa porte et crée ses dieux à son image.

Charles de Secondat, baron de La Brède, déguisé en Persan, accuse les habitants de Paris d'être « d'une curiosité qui va jusqu'à l'extravagance ». La curiosité est à la notoriété ce que l'admiration est à la gloire.

La gloire a cela de incommode, qu'elle doit être reconnue de tous. Or, un peuple libre – et le nôtre est friand de toutes les libertés – ne sait pas être unanime. Ce qui ferme de plus en plus les voies vers l'immortalité.

Au contraire, la notoriété naît avec les contradictions. Chacun a ses notables dont il s'étonne qu'ils ne soient pas connus et reconnus de tous. Un footballeur a une renommée plus solide qu'un philosophe subtil, un chanteur de variétés fait naître plus d'émotion qu'un poète, un couturier voit ses œuvres traverser les océans plus vite qu'un peintre de talent. « ... chacun s'élève au-dessus de celui qui est d'une profession différente, à proportion de l'idée qu'il s'est faite de la supériorité de la sienne. » Avant de faire de l'esprit sur les lois, Montesquieu s'est employé à décrypter les lois de l'esprit.

Départ des volontaires de 1793 ou la Marseillaise

« Alors on entendra sur ton mur les clairons,
Les bombes, les tambours, le choc des escadrons,
Les cris, et le bruit sourd des plaines ébranlées,
Sortir confusément des pierres ciselées,
Et du pied au sommet du pilier souverain
Cent batailles rugir avec des voix d'airain. »
(Victor Hugo, « A l'arc de triomphe »,
Les Voix intérieures, 1837).

Le clocher roman de Saint-Germain-des-Prés

« Dans le vieux Paris, dans les enceintes de Saint-Germain-des-Prés, dans les cloîtres des couvents, dans les caveaux de Saint-Denis, dans la Sainte-Chapelle, dans Notre-Dame, dans les petites rues de la Cité, à la porte obscure d'Héloïse, je revoyais mon enchanteresse; mais elle avait pris, sous les arches gothiques et parmi les tombeaux, quelque chose de la mort : elle était pâle, elle me regardait avec des yeux tristes ; ce n'était plus que l'ombre ou les mânes du rêve que j'avais aimé. » (François-René de Chateaubriand, Mémoires d'outre-tombe). Le jeune Breton avait eu le privilège d'être présenté à Louis XVI, pourtant il se sentait mal à l'aise dans la capitale et il songeait à Combourg.

Café de Flore

Parce que Paris attire les talents, comme un aimant de la limaille de fer, ses rues réservent de ces surprises qui font la joie du badaud. Le promeneur s'étonne toujours de voir des êtres touchés par quelque doigt céleste circuler en toute liberté sur les trottoirs de la capitale. Les êtres chéris par la foule ne cherchent pas à lui échapper.

Même, ces géants vont jusqu'à se rencontrer. Sans fanfare, ni pompe, ni précautions.

Je venais de déjeuner avec un ami et je longeai le café de Flore. Un homme et une femme étaient en grande conversation. Devant des visages « connus », on reste perplexe de voir associés ces traits familiers à des corps, peut-être parce que, d'habitude, les livres ou les hebdomadaires ne livrent que des vignettes – quelques Photomaton et rarement des portraits en pied. Marguerite Duras et Yves Navarre ? Comment est-ce possible ? Je voulus – réflexe du badaud – avoir la confirmation de leur existence : « Non, ce ne sont pas des ectoplasmes ! » J'ai rattrapé mon convive. Ensemble, nous sommes passés, attentifs et silencieux, près des deux écrivains perdus dans leurs amabilités. Montesquieu avait raison !

Non seulement il est difficile de croire que les auteurs puissent vivre ailleurs que dans leurs livres, mais il paraît inimaginable qu'ils puissent se rencontrer, comme le laitier et la charcutière. On reste choqué comme si un mauvais élève avait fait des découpages dans quelque Lagarde et Michard, comme si l'on voyait le duc de La Rochefoucauld embrasser en pleine rue sa chère Madame de Lafayette.

Vaisseau central de Saint-Germain-des-Prés.

L'École Militaire.

La ligne 84

Nous avions feuilleté un jour le *Roland Barthes par lui-même*, au cours d'une discussion dans ma thurne. Quelques heures plus tard, en rentrant de la rue Saint-Guillaume, nous montions, A. et moi, dans le 84. Je crus reconnaître, assis près d'une fenêtre, le visage de l'illustre penseur, alors le maître parfait pour toute une génération. J'attendis d'être au fond pour faire part de ma découverte. Sans vergogne, mon compagnon m'entraîna vers l'avant. Nous nous sommes assis en face du professeur, à quelques mètres de lui. Mon ami commentait entre ses dents l'habit de Barthes et lui appliquait son système de la mode.

Avec les années, je me rendis compte que ce quartier qui allait du Flore au Collège de France, en passant par Saint-Sulpice, constituait le pays de Barthes, le seul qui convînt à sa méditation, la substance de son œuvre légère et indépendante, la planète depuis laquelle il a appris, à toute une galaxie de jeunesse, l'art de comprendre.

L'École militaire.

La tour Eiffel

« Mademoiselle de Cry comptait parmi les plus jolies débutantes du printemps 1889. Il avait fallu l'Exposition et ses prodiges pour qu'on ne la remarquât pas davantage. Les garçons avaient eu la tête tournée par la fée Electricité; ils ne pensaient qu'aux feux d'artifice tirés en l'honneur des dix-huit souverains en visite à Paris. Et quelle beauté eût pu lutter contre la tour Eiffel ? Les années d'expositions universelles et les périodes de guerre sont pour les jeunes filles ce qu'est la lune rousse et ses gels aux fleurs des pêchers et des cerisiers : elles les grillent. » (Paul Morand, Le Bazar de la charité, 1957. Pour résumer le succès de la tour Eiffel).

La tour Eiffel

Paris a sécrété un discours ampoulé sur lui-même. Ces louanges sonnent souvent faux, mais elles permettent à la capitale de vivre, comme la vanité n'est souvent que le moyen de ne pas éclater en sanglots. Cette légende dorée préfère Montmartre, Pigalle et les grands boulevards, la tour Eiffel, la rue de Rivoli et la colonne Vendôme.

Dans cette déclamation de Paris, la ville devient une créature vivante, un peu vulgaire peut-être, mais diablement sensuelle. Les hommes qui font l'éclat de la cité ne comptent plus guère. Tout simplement, on leur refuse l'existence. La gloire de ce Paris des bateaux-mouches épargne la ville, comme la bombe, en détruisant les habitants.

Même Frédéric Nietzsche a participé à cet amour naïf. Lorsqu'il écrit « Pourquoi je suis si avisé », cette apologie de lui-même dont le cynisme est dévastateur, donc rafraîchissant, il n'hésite pas, pour humilier l'Allemagne et les Allemands, à exalter Paris, sa littérature et son goût : « En tant qu'artiste, on n'a, en Europe, de patrie qu'à Paris. » Faut-il le croire ?

Le « Moulin Rouge ».

La Monnaie, œuvre d'Antoine (1668-1775)

« Les portes monumentales, les places achevées ou nouvelles, la place Vendôme, la place Louis-XV, les édifices administratifs modifient progressivement la vision quotidienne du Paris des Parisiens. Toutefois, les bâtiments somptuaires, la Monnaie, l'Ecole de médecine, les théâtres, la reconstruction du Théâtre-Français par Charles de Waily, l'Ecole de droit et le Panthéon de Soufflot, ont une incidence sur la structure sociale et le bâti des quartiers anciens où ils s'implantent, surtout s'ils accompagnent de véritables opérations de remodelage du site. » (Daniel Roche, le Peuple de Paris, 1981).

La coupole de l'Institut

« L'Académie française tire son lustre actuel tout autant de Claudel, de Gide, de Jammes, de Péguy ou de Proust que de la plupart de ses membres; et c'est assez généralement la lumière indirecte qui éclaire chez nous l'immortalité. » (Jean Giraudoux, Paul Claudel et l'Académie, 1935).

L'argument devrait consoler les écrivains qui rêvent d'être reçus sous cette Coupole, mais n'en a jamais consolé aucun. Le collège des Quatre-Nations, fondé par le cardinal Mazarin, n'a accueilli l'Institut, et ses Académies, qu 'au temps de la Convention.

La Seine

« Paris le magnifique » se dessine à travers les larmes de ceux qui ont dû le quitter. Joachim du Bellay, sur les rives du Tibre, a dit, mieux que tous, ses *Regrets*.

« Ce n'est l'ambition, ni le soin d'acquérir, Qui m'a fait délaisser ma rive paternelle... » Combien d'hommes et de femmes se sont penchés aussi sur leurs jours tranquilles à Paris ? L'exil rend la ville plus émouvante, plus douce et plus parfaite. De loin, les aspérités de la vie quotidienne ne se voient pas, comme les rides disparaissent d'un visage qui s'en va. Jamais Rome ne fut belle comme dans le souvenir d'Ovide, exilé dans le Pont-Euxin, ruminant ses *Pontiques* et ses *Tristes*. Un soir, au cœur de l'Afrique noire, j'ai écouté cette femme me confier :

– Moi aussi, à Paris, j'ai été parfaitement heureuse. J'y aurai passé les plus belles années de ma vie.

Du Bellay n'en finit plus d'accumuler les comparaisons flatteuses pour célébrer, depuis la Ville éternelle, la ville de la Seine. Pourtant, il préférait sans doute la douceur angevine et son petit Liré. Paris lui semble « en savoir une Grèce féconde », « une Rome de grandeur », « une Asie en richesse », une

La nuit de Paris.
«Un soir passant le long des quais déserts et sombres
En rentrant à Auteuil j'entendis une voix
Qui chantait gravement se taisant quelquefois
Pour que parvînt aussi sur les bords de la Seine
La plainte d'autres voix limpides et lointaines.

«Et j'écoutai longtemps tous ces chants et ces cris
Qu'éveillait dans la nuit la chanson de Paris.»

(Apollinaure, «Vendémiaire», Alcools, 1913).

Afrique pour « ses rares nouveautés ». Le poète avoue à son ami Devaulx que son œil à Paris « prit ébahissement ». Comment mieux dire que Paris résume le monde et dispense des voyages ?

Un jeune homme qui appartenait à un des grands corps de l'Etat me confiait :

– Depuis les vacances d'été – nous étions alors en janvier – je n'ai pas dépassé le périphérique.

Le désir que l'on a de Paris se nourrit de ces regrets et ces regrets naissent du désir de Paris. « Peut-on vivre longtemps éloigné ? » Il entre dans cette mythologie parisienne, à la fois des éléments graves – un lieu de liberté –, sérieux – le cœur de la création intellectuelle et artistique –, libertins – le conservatoire de tous les plaisirs. Paris se gonfle des cœurs gonflés. Quand le provincial ou l'étranger arrivent à Paris, ils se sentent déracinés; quand le Parisien, de naissance ou d'adoption, quitte sa ville, il se sent exilé. Le déracinement frappe l'arbre qui vit en tout homme, c'est la nature qui souffre. L'exil, lui, punit le citoyen d'une démocratie aimée : il blesse l'âme aussi. Voilà pourquoi les chants de l'exil sont parmi les chants les plus beaux.

Les Champs-Elysées

Parce que Paris a un passé dont chacun connaît quelques facettes, la capitale offre une source inépuisable de rêves– une source empoisonnée, car ces rêves n'aboutissent pas forcément à de larges desseins, fondés sur l'enthousiasme ou la raison. Ils se transforment parfois en rêveries malsaines, de mauvaises herbes au jardin de la conscience, des algues qui apparaissent, malgré tous les efforts, dans les vasques claires de l'esprit. Ces rêveries se nourrissent de l'ambition, mais finissent par l'épuiser. Parce qu'elles annihilent toute action. L'imagination suffit alors, détruisant la réalité. Le rêve se fait plus satisfaisant que la vie. Ces bouffées d'irréel peuvent remplacer le réel, lorsque celui-ci ne se soumet pas – assez vite – aux désirs.

Il serait édifiant de demander à chacun les lieux qui font naître, plus facilement que d'autres, ces crises de l'imaginaire, ou de surprendre la pensée flottante du promeneur, voire de guetter les regards inconscients des passagers de l'autobus. Ces foyers d'ambition – comme on dit foyers d'épidémie – sont les premiers refuges de la folie et les derniers repaires de l'originalité humaine. Remonter les Champs-Elysées ou être reçu sous la Coupole, fêter son retour à l'Opéra ou accepter un portefeuille ministériel ! L'architecture officielle ou les boutiques de luxe, les galeries de peinture ou l'Odéon, la Comédie-Française ou l'Olympia, le Collège de France ou la Bourse, tout à Paris parle sournoisement la langue de l'ambition, peut-être l'un des patois préférés. Chacun a ses propres Champs-Elysées, son paradis sur terre. Bien sûr, ces rêveries – rien de la fleur bleue des romantiques allemands, toute de poésie – n'ont nul besoin de support matériel pour naître et s'épanouir. Il est certain néanmoins que l'individu ressemble au chien du savant russe et qu'il salive volontiers devant certains signes, ceux de son triomphe possible sur les autres.

Paris est bavard en cela, ce qui change du silence de la cité provinciale. Ce bavardage en fait une ville sans recueillement, sans modestie, peut-être sans douceur. La puissance se montre, ne serait-ce que dans les arcs de triomphe. Plutôt que la nef des marchands de l'eau, ils devraient figurer dans les armes de la ville. Cette puissance s'incarne dans le luxe, ce visage fardé que Paris, nouvelle Jézabel, présente à l'arrivant. Ministères, hôtels particuliers, boutiques illuminées, jardins ordonnés, grands lycées servent de devanture, d'étalage, de vitrine. Place Vendôme, seules les façades furent d'abord édifiées. Pendant longtemps, il n'y eut rien derrière cette ordonnance de pierre – la pierre de Vaugirard qui donne à Paris son éclat et son unité. Mais une telle façade, c'est déjà beaucoup !

Paris, ville de l'avoir et du paraître, fait surgir la difficulté d'y naître et d'y être. Par ses dimensions et ses mélanges, la cité surgit comme un point de convergence – pour les ambitieux comme pour les criminels, Rastignac comme Vautrin. Mais aussi une ligne de départ, le lieu de l'épanouissement, voire de l'éclatement qui eussent été, ailleurs, contenus. Par son anonymat et sa foule, la ville tentaculaire a le pouvoir de libérer – les talents comme les mauvais instincts.

Paris, ville molle et ville libre.

Les Champs-Élysées et l'Arc de Triomphe.

«Toi dont la courbe au loin, par le couchant doré,
S'emplit d'azur céleste, arche démesurée ;
Toi qui lèves si haut ton front large et serein,
Fait pour changer sous lui la campagne en abîme,
Et pour servir de base à quelque aigle sublime
Qui viendra s'y poser et qui sera d'airain!»

(Victor Hugo,
«A l'Arc de Triomphe»,
les voix intérieures, 1837).

« Un arc, une colonne, et, là-bas, au milieu
de ce fleuve argenté dont on entend l'écume,
Une église échouée à demi dans la brume ! »
(Victor Hugo, « A la colonne », Les Voix intérieures, 1837).

Le poète a marqué tous les quartiers de Paris : le jardin des Feuillantines de l'enfance, et le Val-de-Grâce ; le mariage et Notre-Dame-des-Champs ; la place des Vosges et la maturité; l'avenue d'Eylau de la gloire, devenue avenue Victor-Hugo. Et pourtant, dans ce poème de jeunesse, Paris se résume à l'Arc de Triomphe, à la colonne Vendôme — souvenirs de Napoléon — et à Notre-Dame — héritage du Moyen Age. Napoléon et l'âge gothique, c'était un manifeste du romantisme.

Rue des Ecoles

Paris, ville molle, n'a pas de squelette. Elle se livre à toutes les contorsions et à toutes les convulsions sans périr. C'est un invertébré. La société n'y a pas d'ossements très solides. Rien de l'ossification des villes provinciales ou des villages immobiles. Un jeune mondain de province me confiait autrefois :

– J'ai l'impression que le monde est plus brillant à Paris, mais aussi plus « mélangé ».

Voilà pourquoi les individualités peuvent s'affirmer avec hardiesse ou s'enfoncer dans les délices. Les portes s'ouvrent aussi facilement qu'elles se ferment. Sans bruit. Le fabuleux et le misérable, le sage et l'irrationnel font bon ménage. Parce que Paris en a toujours « vu d'autres », rien n'y choque plus. Mais rien n'y laisse d'empreinte profonde.

L'éducation – ce catéchisme social – prouve qu'il règne dans le monde un ordre hiérarchique. Il convient d'abord d'y trouver une place – suivre le *cursus honorum* –, puis apprendre, non sans subir affronts et humiliations, qui sont les inférieurs et qui sont les supérieurs. La loi, elle, proclame l'égalité de droit entre les hommes et c'est à Paris, cette ville assoiffée d'inégalités, qu'a été rédigée la déclaration qui l'annonçait au genre humain.

La ville de province et le village se plaisent dans une inégalité bien organisée : il y est impossible d'ignorer qui sont les notables et qui sont les exclus, les bons et les mauvais, les élégants ou les rustres. A Paris, au contraire, cet ordre se disloque et, dans ce chaos, tout devient possible, même l'inégalité la plus voyante. C'est parce que les hommes à Paris sont virtuellement égaux qu'ils souffrent à ce point d'une cruelle inégalité.

Les Arènes de Lutèce.

Place Vendôme

Qu'un bijoutier ait osé lancer une ligne d'objets, devant le ministère de la Justice, en proclamant qu'il réservait ces chefs-d'œuvre au plus petit nombre, voici l'un de ces spectacles paradoxaux qui ne sont guère possibles qu'à Paris.

Quinze jours de préparatifs pour un dîner, des chiens et des vigiles pour prévenir les attentats de la colère, une immense tente de plastique pour couvrir la moitié de la place, des lasers pour dessiner des lettres vertes sur la colonne Napoléon, des souffleries pour l'air chaud, une armée de valets : cet appareil de guerre pour des babioles de diamants laissait pantois.

Deux dignitaires de l'Etat contemplaient cette fête en préparation et énuméraient les détails de cette opération publicitaire :

– Les serviettes, dit-on, sont brodées d'or.

– Ces petites lampes veulent être des diamants dans les nuages ; au-dessus, le plafond transparent laisse voir le ciel.

– On parle de plusieurs millions de francs lourds pour ce dîner.

– Imaginez-vous cela ? Du crocodile plongé dans un bain d'or.

– Bien sûr, les émirs viennent avec des brouettes, leur acheter des émeraudes.

Derrière l'étonnement, il fallait lire l'agacement, mais derrière encore, l'envie peut-être et la honte d'y céder.

Brutalement, comme sous l'influence du diable, la tentation de la curiosité fut la plus forte :

- Nous ne voyons pas assez bien d'ici. Montons à l'étage supérieur.

Comme des conspirateurs ou comme des enfants, les deux hommes graves ont emprunté le petit escalier dérobé. Le malheur voulut que le fonctionnaire qui régnait sur cet étage-là descendît à ce moment même.

– Que faites-vous là ? A une heure pareille !

Les deux curieux s'étaient fait prendre comme des voleurs. L'autre, choqué d'abord, était enchanté de les embarrasser.

– Nous voulions voir de plus haut l'ordonnance des tables !

– Je remonte avec vous, mais cette curiosité est malsaine. Allons dans la salle des réunions !

Trois ombres noires contemplèrent donc, dans la nuit, l'arrivée des premières limousines. Dans le vent froid qui tourbillonnait, les trois compères étaient heureux de constater que, chez eux, les fenêtres, noires de poussière, s'ouvraient mal. Heureux d'observer les notes de vulgarité qui affleuraient dans ce concert bleu et or. Heureux de moraliser :

– Avec une telle somme, on aurait pu prolonger Manufrance d'un mois...

– D'ordinaire, on ne s'exhibe pas, on fait ça chez soi...

La colonne Vendôme

« Ce pilier souverain
Ce bronze, devant qui tout n'est que poudre et sable
Sublime monument, deux fois impérissable
Fait de gloire et d'airain. »
(Victor Hugo. « A la colonne »,
Les Chants du crépuscule, 1835).

Le jeune admirateur de Napoléon, et de la gloire d'Austerlitz, ne pouvait deviner que la Commune renverserait la colonne sur les conseils de Gustave Courbet, comme la Révolution avait abattu la statue de Louis XIV.

1

2

3

1 : Détail de la colonne Vendôme.

2 : La colonne Vendôme.

3 : La Place Vendôme.

La Pitié-Salpêtrière.

LA MORT DE SARDANAPALE

L'ambition même se sent bafouée par de telles mises en scène, car elle respecte les filières, les valeurs et les hiérarchies : mieux, elle se bâtit sur elles. Ces apothéoses du luxe, où l'objet précieux devient valeur suprême, humilie au contraire ce qui fonde les filières, les valeurs et les hiérarchies. Plus rien ne peut tenir de ce en quoi le jeune ambitieux a confiance. Cette « démonstration » prouve surtout que la société a tort. Tout est permis. Parce que tout est atteint en un éclair, sans combattre : la notoriété, le plaisir, la vanité, la beauté.

Fontaine place de la Concorde.

Plus rien à gagner pour ceux qui ont été priés à de telles fêtes. La soirée chez le prince de Guermantes ou le fameux bal, avant la guerre, chez Elie de Beaumont. Plus rien à tenter ensuite; il ne reste qu'à détruire. Les collectionneurs aussi n'ont qu'une hâte : disperser le fruit de leur patience plutôt que de le laisser à l'Etat ou à leurs enfants.

Pour ceux qui n'ont pas été invités, il n'y a presque rien à espérer.

Alors le désir de se rendre à une telle fête s'estompe, et la tentation peut naître en rêve de prendre un de ces précieux cartons d'invitation, d'y mettre la flamme et de le jeter sur ce château de chimères. La mort de Sardanapale, au milieu du bûcher où brûlent ses femmes et ses trésors, apparaît à l'ambitieux déçu comme une mort assez glorieuse. Comment ne pas rêver, au Louvre, devant le grand tableau de Delacroix, où des esclaves nubiens tordent les bras des épouses ? L'ambition est souvent violente, mais elle n'a pas pour fin la violence. Au contraire, elle veut installer un ordre, au besoin par la force. Le désordre ne plaît pas à l'ambitieux. Ces fêtes de l'or se servent, elles, de l'ordre pour introduire le plus grand désordre : à la fin, elles brillent comme des signes avant-coureurs de la violence.

Le lac Daumesnil dans le bois de Vincennes.

Le jardin des Feuillantines

Paris est une ville libre. Cela ne signifie pas qu'elle soit, comme les cités médiévales, dispensée de tout contrôle royal – administratif ou policier aujourd'hui. Simplement tout semble permis, tout paraît possible à l'homme qui arrive dans la capitale. Pour beaucoup de plantes, la transplantation favorise la croissance. Pour Paris, la présence de déracinés favorise l'espèce. Arracher une racine ou s'extirper de son terroir s'avère un acte souvent déchirant et douloureux. Ensuite, le déraciné ne peut que se sentir étrangement libre, capable de tout. Même si, inconsciemment, il a déjà plongé des racines aériennes dans la boue, comme les palétuviers dans la mangrove. Le jeune philosophe disait, goguenard et complice :

– Bien sûr, comme tout le monde, tu es arrivé à Paris et tu t'y es dévergondé.

Cette liberté, si elle est un atout maître, signifie aussi une faiblesse. Car c'est la liberté des orphelins, celle du héros de Gide : « Ne pas savoir qui est son père, c'est ça qui guérit de la peur de lui ressembler. » Il faut des épaules larges pour avoir la force de sa liberté et une imagination indomptable pour inventer à chaque instant son destin.

La tentation de retomber dans la dépendance grandit au fil des ans. L'empereur ne choisissait-il pas ses ministres parmi ses esclaves affranchis ? Cet asservissement volontaire est tantôt professionnel, tantôt amoureux, mais les deux se ressemblent. Le même philosophe, qui savait de quoi il parlait, n'hésitait pas à dire :

– Les rapports en politique ressemblent aux rapports amoureux. Un signe, une attention, un geste suffisent pour faire tout oublier de l'ingratitude, de l'indifférence et de la dureté. La présence de l'être que l'on sert suffit au bonheur : on lui revient toujours.

Voilà pourquoi les Parisiens se sentent à l'aise à Paris : ils y ont des repères. Pour les sorbets ou les partitions musicales, les manuscrits rares ou les meubles modern style, le saumon fumé ou les jaquettes, la messe en latin ou les lieux de plaisir, ils connaissent les bonnes adresses. Rien ne compte comme ces riens qui donnent à la vie sa dimension humaine – misérable ou grandiose. Comme dans les tableaux de Jean-Baptiste Corot, un personnage anonyme, mais vaguement familier, donne toujours l'échelle.

Ces repères indiquent aussi des références. La cité n'est plus une masse en fusion, la matière avant la Création, le magma avant le granite. On sait choisir des gâteaux et un lycée, un restaurant ou un libraire, un boucher ou une université. On sait la valeur de chaque chose : on juge. Tel est le charme discret de la bourgeoisie.

Les Parisiens n'ont pas tout à inventer. Sur la palette de leur existence, ils ont déjà certains mélanges à leur disposition. Le provincial doit, lui, partir des couleurs pures.

Même, sur les chemins de la liberté, l'indigène de Paris n'a qu'un pas de côté à faire pour aller boire aux puits de l'enfance. Certains restent toute leur vie près de ces abris de feuilles, comme des Victor Hugo qui n'auraient pas eu le courage de quitter le couvent des Feuillantines :

« Trois maîtres : un jardin, un vieux prêtre et ma mère. »

Le Grand Palais.
Quadrige du sculpteur
Georges Récipon.

Le palais de Chaillot

« Elle me fit entendre qu'elle aurait du regret de quitter Paris [...] cependant nous trouvâmes un tempérament raisonnable, qui fut de louer une maison dans quelque village voisin de Paris, d'où, il nous serait aisé d'aller à la ville lorsque le plaisir ou le besoin nous y appellerait. Nous choisîmes Chaillot, qui n'en est pas éloigné.» (Abbé Prévost, Histoire du chevalier des Grieux et de Manon Lescaut, 1731).

Le palais de Chaillot a été achevé, non sans mal, au temps du Front populaire. Il remplaçait le Trocadéro dont le style mauresque avait fatigué les Parisiens. La simplicité d'allure et les dimensions impressionnantes ne sont pas sans évoquer les réalisations de la même époque, qu'elles soient fascistes à Rome ou soviétiques à Moscou. Pourtant les statues dorées et les puissants jets d'eau ont su animer cette architecture sévère qui a été consacrée à l'art et à la science. Paul Valéry a donné de beaux vers, écrits en lettres d'or aux frontons comme ceux-ci, qui introduisent les musées, tout musée, et finalement toute culture :

« Il dépend de celui qui passe / Que je parle ou me taise
Que je sois tombe ou trésor / Ceci ne tient qu'à toi
Ami n'entre pas sans désir. »

« Bergère, ô tour Eiffel, le troupeau des ponts bêle ce matin… » (Apollinaire).

Notre-Dame-des-Champs

A force de suivre des héros, des inconnus ou des êtres trop connus, l'étranger creuse son sillon dans la terre parisienne. Il finit par s'attacher, par s'agripper même. Saint-Germain devient une Beauce de l'intelligence et du plaisir dont il convient de connaître tous les recoins, depuis les sommets de l'abbatiale jusqu'aux profondeurs du Drugstore. Et avoir de chaque recoin des souvenirs.

Le vaisseau central de Saint-Germain-des-Prés.

L'attendrissement naît à l'évocation de quelque lieu familier, au détour d'un livre, au coin d'un tableau, au tournant d'un film : « Du haut de la rue Notre-Dame-des-Champs où il habite, Vincent descend jusqu'à la rue Saint-Placide qui la prolonge; puis rue du Bac où quelques bourgeois attardés circulent encore. Il s'arrête rue de Babylone devant une porte cochère qui s'ouvre. Le voici chez le comte de Passavant... » En lisant cette page toute simple d'André Gide, comment ne pas murmurer :

– Moi aussi, je passe par ces rues-là ! C'est ma paroisse. Nous sommes voisins ! "

Les Grandes orgues de Saint-Germain-des-Prés.

la fontaine de

l'Observatoire.

Le Palais Bourbon.

L'ALLÉE DES BROUILLARDS

Une découverte de tous les jours. Pour apaiser l'angoisse des veilles d'examens, j'ai accepté une promenade à Montmartre. Mais pour éviter la place du Tertre, le hasard a conduit nos pas vers une rue tranquille dont j'appris alors le nom sur une plaque : « l'allée des Brouillards ». Le charme s'est exercé – je le jure – brutal, sans souvenir ni référence littéraires. J'eus la sensation d'avoir dégagé un chemin oublié. Et lorsque j'appris plus tard que cette allée avait eu bien des admirateurs, je pris confiance en mon propre goût.

– Je sais donc, enfin, aimer Paris !

Mais qu'est devenu Rastignac à l'épreuve de la capitale ?

Pagode des jardins de Bagatelle au Bois de Boulogne.

PALAIS-CARDINAL

L'ambition ne reste elle-même que lorsqu'elle se solde par un échec. Lorsqu'elle réussit, elle devient destin, œuvre ou carrière, mais elle cesse d'être ambition. Le manteau de Noé est jeté sur ces parties honteuses d'une personnalité. César fut un amateur de complots avant d'être prince d'une république. Richelieu a longtemps plié l'échine avant de faire plier celles des autres. Bonaparte a fait des grâces au frère de Robespierre avant de choisir la belle créole qui lui a ouvert la porte de Barras. Et le colonel qui servait de secrétaire à Pétain ne fut-il pas d'abord un homme de plume et d'antichambre avant de partir pour Londres ?

Les purs ambitieux font partie de ceux qui n'ont pas trouvé un havre de paix où lancer leurs amarres. Le souvenir de ces quêtes sans fin reste dans les mémoires et nourrit tous les dédains. Ces danseurs peuvent avoir la faveur et la fortune, les titres et l'audace, la gloire et l'humour, pourtant ils sont condamnés à danser toujours. Comme le Lauzun de la Grande Mademoiselle – « On ne rêve pas comme il a vécu ». Alcibiade a-t-il jamais trouvé, au royaume des ombres, ce repos qui eût été pour lui la seule vraie mort ?

Le vol d'Icare symbolise ces ambitions qui vont au-delà des forces et de la raison. Par ennui de vivre. Jusqu'à se brûler les ailes.

Les jardins du Palais-Royal. Est-ce le Droit - que disent le Conseil d'État et le Conseil constitutionnel installés dans l'ancien palais des ducs d'Orléans - qui fait régner, là, l'ordre et la sagesse ? Deux écrivains contemporains qui étaient rien moins que conformistes, Jean Cocteau et Colette, y avaient pourtant choisi d'y vivre.

Palais-Royal.

La Grande Galerie du
Muséum National
d'Histoire Naturelle.

Le Palais de Chaillot.

La ménagerie du jardin des Plantes

Il est assez simple de définir un ambitieux, alors que l'ambition échappe à toutes ses définitions. L'ambitieux se reconnaît tout de suite à cette tension permanente, tantôt fébrile, tantôt glacée, qui cabre un corps, dessine des gestes, fixe une attention, cisèle des paroles, plie les réactions et domine la volonté. Il est tout à tour le poing fermé, l'arc bandé, le bulldozer, la tempête. C'est physiquement que l'on devine ces êtres-là.

Ils ont souvent une vie pleine, ou si l'on veut bien me l'accorder, un surplus d'existence.

L'ambition, au contraire, semble un vide, ou plutôt un plein qui se vide, un tonneau sans fond, une construction en abîme – où le miroir reflète le miroir. Elle est « appétit » d'argent ou « soif » du pouvoir, « goût » de la gloire ou « faim » des honneurs. Les mots le prouvent. L'ambition atteste, dans les choses les plus humaines – délestées en principe, dc pesanteur et dégagées de l'enveloppe charnelle – un retour de l'attraction terrestre et un surgissement inattendu de la bête. L'ambition devient un corps qui étreint mon corps et qui est le mien.

Le carême du Louvre

L'ambitieux, c'est l'autre. L'ambition s'avoue rarement. Pour trois raisons. Il est dangereux de s'affirmer seul face à tous ; se sentant menacés, les autres pourraient se coaliser et faire payer à l'imprudent l'audace qu'il a eu de s'élever au-dessus d'eux. Voici l'argument pratique. Mais il semble aussi scélérat d'affirmer son ambition, car cela signfie nier l'égalité qui existe entre tous les hommes : voici pour l'argument moral. Enfin, le troisième, l'argument métaphysique, se trouve au cœur même de notre civilisation chrétienne. L'ambition claque comme un défi, une offense à Dieu qui n'aime que l'humilité.

Bossuet prépara pour le carême du Louvre un sermon qu'il ne prononça pas : pour tuer l'ambition. Avec, en plus, le plaisir de choquer – tout en s'en excusant – un public de courtisans pour lesquels c'était la seule raison – et joie – de vivre.

Le prédicateur offre à la Cour la leçon de saint Augustin. Pouvoir ce que l'on veut et vouloir ce qu'il faut : en précisant bien qu'une seule de ce deux maximes ne peut suffire. Pour convaincre, le prélat va aussi loin que l'idée d'ambition peut le porter. Il envisage sans frémir la pire des volontés, le plus terrible des pouvoirs, c'est-à-dire la puissance de tuer – pour un chrétien, c'est ôter à un mortel quelques jours par rapport à l'éternité divine.

La cour Carrée - Musée du Louvre.

1

2

3

4

Le Louvre

1 : Renommées tenant l'écu royal d'Henri II, par Jean Goujon, au tympan du frontispice central de l'aile Lescot.

2 : Le pavillon de l'Horloge.

3 : Victoire sur un quadrige par Pierre Cartellier sur l'avant-corps central de la colonnade.

4 : L'aile Lemercier dans le prolongement de l'aile Lescot, dans la cour Carrée.

Bien sûr, Bossuet parlait à des hommes de guerre, à des maris jaloux et à des maîtres impitoyables. Le désir de tuer était plus familier à un mousquetaire du XVIIe siècle qu'à un professeur de notre temps. L'horreur de cet argument tient à ce que le théologien laisse entendre que l'ambition, par définition, ne connaît pas de limites. Le crime, s'il n'est pas accepté, est envisagé. Et cette lucidité fait peur. Albert Cohen n'est pas éloigné d'une telle conception puisqu'il va jusqu'à écrire que la « force » et le « caractère » d'un homme signifient finalement sa capacité de tuer.

Le prédicateur du Louvre, après avoir touché le fond de l'abîme, revient à la surface des choses en évoquant une ambition plus banale et moins tragique : le besoin de laisser une trace dans la mémoire des hommes. Il montre alors, comme à son habitude, des tombeaux pour se moquer des vanités humaines.

La Passerelle des Arts.

« Regarde qu'il n'y a rien d'assuré pour toi, non pas même un tombeau pour graver dessus tes titres superbes, seuls restes de ta grandeur abattue : l'avarice ou la négligence de tes héritiers le refuseront peut-être à ta mémoire, tant on pensera peu à toi quelques années après ta mort ! » Sur certaines tombes parisiennes, on a fait graver, dans le marbre, des séries de décorations, avec leurs couleurs, comme une guirlande de fleurs pour une danse macabre. Le plaisir un peu étrange que l'on a en flânant à travers le Père-Lachaise, doit moins à la gloire des défunts illustres qui y reposent qu'à la beauté incongrue des monuments offerts à leurs ossements :

– Sur ce banc, André Malraux avait l'habitude de venir s'asseoir.

Comme remède, Bossuet propose, après ces tristes arguments, d'attendre que les désirs soient contentés dans l'au-delà. Finalement, la seule ambition que l'on puisse avoir, c'est d'être conduit au tombeau après une oraison funèbre de l'Aigle de Meaux. La vie n'est rien, la gloire posthume est moins que rien, Dieu est tout. L'homme de la Parole a trouvé sa place naturelle à la jointure de ces deux riens et de ce tout.

Comment ne pas comprendre que cette réponse chrétienne à l'ambition se retrouve aujourd'hui encore dans la répulsion qui se fait jour contre la soif du pouvoir ? La « volonté de puissance » n'est-ce pas un concept inventé par Nietzsche, cet Antéchrist ?

A l'ambition, rage dévorante et honteuse, la chrétienté a opposé les « grandes », les « hautes », les « nobles » ambitions. L'ambition, en se qualifiant, s'éteint, se tarit ou s'étanche, car elle est à la fois la flamme, la source et la soif. Mais les hommes de Dieu avaient donné aussi aux humains une dernière solution, lorsque l'affirmation orgueilleuse de soi n'a pas pu être vaincue : l'ambition de la fin. Le héros et le saint savent donner leur vie.

La colonnade du Louvre

Lorsque Louis XIV refusa le projet du Bernin pour la façade du Louvre et choisit la colonnade de Claude Perrault, l'art français s'engagea dans une voie singulière pour l'Europe baroque : cette régularité et cette simplicité définissent assez bien le classicisme du XVIIe siècle. Il est bien rare de pouvoir ainsi préciser une étape esthétique et une mutation du goût.

Au Musée de l'Homme

Mais tout le monde n'a pas la vocation du héros ou du saint. Finalement, la raison conseille d'attendre la mort en se contentant de la vie. D'autant plus que l'ambition se soigne fort bien. Il en faut toujours un peu pour trouver une raison de vivre. Mais cela n'a rien à voir avec la rage furieuse – cette *furor* que Cicéron reprochait à Catilina et qui fait trembler l'ambitieux. « Tout conseiller veut devenir président, tout président veut devenir conseiller » : ce mot d'un magistrat spirituel, qui décrivait ainsi les carrières à la Cour d'appel et à la Cour de cassation, suggère à la fois les secrets et les intrigues d'un sérail. Autant de sérails que de professions !

Paris se charge de soigner l'ambition. Il a mille ruses pour vaincre et mille talents pour convaincre. La déception d'abord. Soit une sphère – comme celle de la politique – a brillé assez pour qu'on ait eu envie de l'atteindre : il suffit de découvrir la face cachée de l'astre pour que le pauvre Cyrano ait le désir de retrouver la terre. Soit le milieu recherché – le grand monde de la bourgeoisie parisienne par exemple – paraissait si plein que sa vacuité étonne.

Comme le fleuve Alphée pour nettoyer les écuries d'Augias, l'ambition peut aussi être détournée. Le goût pour la musique, la passion pour les objets ou l'amour tout court sont des bonheurs qui se suffisent à eux-mêmes. L'ambition qui veut toujours aller au dehors et au-delà, s'effrite au contact de ces « divertissements ».

Enfin, parce qu'elle suppose toujours l'affirmation d'une individualité, d'une singularité et d'une supériorité, elle devient insupportable lorsque la clairvoyance impose les réalités de l'existence : comment refuser de reconnaître l'égalité foncière qui règne entre les hommes ? Comment accepter une exclusion volontaire du solitaire, loin des foules solidaires ? Comment s'aveugler sur la vanité des constructions humaines. L'homme n'est-il pas cette petite créature qui a poussé sur une mince croûte de terre, à la surface d'une planète brûlante ?

Paris, par la foule de ses rues, le peuple de ses faubourgs et la misère de ses taudis, règle son compte à l'ambition.

En échange, Paris s'offre lui-même, pour se faire pardonner. C'est déjà beaucoup.

Voyons ces étapes par lesquelles Paris ébranle, use, disloque, détruit l'ambition qu'il a fait naître.

Le Grand Palais

« A la place de la Concorde, on a été vraiment pompés à l'intérieur par la bousculade. On s'est retrouvés ahuris dans la galerie des Machines, une vraie catastrophe en suspens dans une cathédrale transparente, en petites verrières jusqu 'au ciel...

« C'était curieux l'installation de l'Esplanade, c'était mirifique... Deux rangées d'énormes gâteaux, de choux à la crème fantastiques, farcis de balcons, bourrés de tziganes entortillés dans les drapeaux, dans la musique et des millions de petites ampoules encore allumées en plein midi. Ça c'était un gaspillage. » (Louis-Ferdinand Céline, Mort à crédit, 1952).

Le jeune Destouches, qui habitait passage Choiseul, découvrait l'Exposition universelle de 1900, qui offrit à Paris le Grand et le Petit Palais, ainsi que le pont Alexandre-III.

Hôtel de Ville.

Hôtel Lambert
dans l'Île Saint-Louis.

Boulevard Malesherbes

On trouve toujours à Paris de plus ambitieux que soi. Ils veulent briser l'ardeur d'autrui. Si celle-ci a de la force en réserve, elle se joue de ces flèches qui deviennent des aiguillons, des stimulants pour l'action. Mais souvent la baudruche éclate sous l'effet de ces piques.

Ce qui fut dit à un provincial comme suprême dégoût, comme fabuleux mépris, comme aveu d'amour :

– Tu finiras professeur dans un grand lycée de province...

A-t-il eu le courage de répondre comme il l'a dit plus tard :

– Bien sûr, je n'ai pas eu la chance de faire du patin à roulettes dans un couloir du boulevard Malesherbes !

Chacun pourrait multiplier les exemples de ces jugements sans appel, de ces arrêts d'injustice. Le naïf a la tentation de rendre, comme à Venise, ces décisions immédiatement exécutoires.

Il y eut aussi cet avertissement, lancé par un ami, et à la troisième personne, pour plus d'objectivité :

– Il n'écrira jamais...

Ou bien cette remarque dans la douceur d'un après-midi d'été, près d'un buisson de roses :

– Comme tu n'es pas poète...

Ou cette déclaration définitive et drolatique :

– Tu es beaucoup moins poète que moi, ce qui te donne encore, rassure-toi, bien des possibilités...

Les sentinelles de notre vie nous gardent de la complaisance et de l'aveuglement et ils servent de garde-fous à notre démesure.

L'Opéra

« [...mon père parcourait Paris à pied, infatigable, laissant à ma mère le coupé de louage de l'ÉPATANT; Il n'avait jamais un sou sur lui ; parfois, le soir, je l'entendais dire à ma mère : "Je vais à l'Opéra, dans la loge de Mme Greffulhe; mets-moi de l'argent (il ne comptait jamais en louis, c'était mondain) dans mon gilet, au cas où elle me demanderait de l'emmener souper chez Paillard." » (Paul Morand, Venises, 1971).

Le père de Morand était un homme de la Belle Epoque et cette comtesse Greffulhe a inspiré à Proust le personnage de la duchesse de Guermantes. L'Opéra est un temple de la musique, mais il est resté, avec son décor d'or et son escalier spectaculaire, un palais de la mondanité. Marcel Proust le comparait à une grotte aquatique.

La Passerelle des Arts.

Bagatelle

L'ambitieux avait trouvé dans les antichambres du pouvoir un séjour à sa convenance, mais, en touchant le pouvoir – en être proche sans en détenir la moindre parcelle –, l'ambition du jeune homme s'est usée.

Sous les lambris dorés, des ombres passaient pour épouvanter l'audacieux qui avait osé se promener parmi elles. Les « entourages » vivaient dans l'irrationnel : les sentiments comptaient plus que les idées, et même que les intérêts. Il suivait, fasciné, les ruses de Sioux inventées tout au long de la journée. On construisait des châteaux de cartes sur les pensées d'autrui pour mieux édifier pour soi des châteaux en Espagne. On équilibrait des logiques d'autant plus contraignantes que les prémisses semblaient inventées de toutes pièces.

Bagatelle : la « folie » blanche du comte d'Artois.

Page de gauche : Pins corses dans le parc de Bagatelle.

Ce monde étrange vivait du secret. Le jeune homme reçut comme premières recommandations :

– Je vous demande le secret et le service...

Mais le secret que chacun défendait, chacun le trahissait, l'âme en paix. Pour se donner de l'importance ou pour se libérer la conscience. Ayant montré trop de curiosité, il se fit taper sur les doigts. Puis, lorsque les secrets ne l'intéressèrent plus, ils lui furent révélés à foison, pêle-mêle.

Chez certains dignitaires, l'ambition qui les minait, prenait l'apparence d'une fureur, semblable à celle qui révèle – trop tard – certaines maladies incurables. Cet homme hurlait à propos de quelque interlocuteur tenace :

– Qu'il aille se faire laver la tête dans un bidet !

Il secouait le téléphone, l'accusant – bien à tort – de dater de Louis-Philippe.

Il confiait à deux de ses collègues :

– Les femmes, sur mon passage, se tordent de désir.

Apoplectique, le visage serré par un col anglais, les yeux révulsés, il menaçait :

– Pour faire travailler les secrétaires, il faudrait les attacher nues dans les caves et les fouetter...

Ces cris formidables ne troublaient ni les lambris dorés, ni les huissiers à chaînes d'argent, ni les grands lustres tintinnabulant.

L'Institut.

Salle Peyronnet

La joie de la comédie politique tient à la crédulité. Talleyrand avait raison de constituer son gouvernement avec ses partenaires au whist. Voilà un choix comme un autre, peut-être le meilleur, puisque ses ministres savaient jouer.

Alain a démontré que l'ambition se fonde sur une foi totale : « ... ce qui plaît aux chefs est le vrai... » Le moraliste normand allait jusqu'à comparer, pour cette dépendance, le prêtre, l'actrice et l'officier.

Il est toujours étonnant de voir que cette crédulité peut aller jusqu'à l'aveuglement. Un fonctionnaire recevait la rosette de la Légion d'honneur. Il avait servi tant d'hommes d'Etat qu'il fut ému d'entendre le ministre, dans son discours, citer l'éloge qu'un homme politique respecté, sauvagement assassiné quelques jours plus tôt, avait fait de lui.

– Lui seul (en parlant de son ministre) pouvait trouver cela, confiait l'heureux récipiendaire à celui-là même qui, par hasard, avait déniché la citation, au fond d'un dossier.

Ainsi un homme de cabinet, savant et lucide, qui avait préparé lui aussi de tels morceaux d'éloquence flatteuse, se leurrait volontairement lorsque ces compliments lui étaient destinés. « Cela vaut pour les autres, pas pour moi. »

L'Institut de France

« Ah ! quand je pense que dimanche - car je repartirai dimanche -, au moment où le petit omnibus de la gare passera le pont des Saints-Pères, j'apercevrai la coupole, le quai, la petite place en hémicycle, modeste et si glorieuse pourtant. » (Pinchet, secrétaire général de l'Institut dans l'Habit vert de Flers et Caillaret, 1912).

Le Pont de Grenelle et la tour Eiffel.

Le salon de billard

La désaffection à l'égard du jeu politique conduit progressivement à la sagesse.

Les maîtres de ces lieux changeaient – nous étions dans les années 1980. La décision fut prise de faire place nette. Pour éviter les coups bas, l'ordre fut donné de tout brûler : puisque les archives existaient ailleurs, il paraissait inutile de conserver des montagnes de dossiers qui n'avaient eu de valeur, un moment, que par leur actualité.

Cette incinération – acte rituel – dura plusieurs jours.

Les cheminées de marbre devinrent de lumineux brasiers dans la chaleur de l'été, comme des feux de la Saint-Jean au cœur de Paris. Au début, la tâche parut aussi gaie qu'une partie de campagne à Robinson. Ensuite, les mains et le visage rougis par l'ardeur du papier, des êtres à bout de force montèrent la garde près des bûchers des illusions perdues. Des secrétaires avaient les larmes aux yeux de voir leurs beaux classements réduits à néant. La cendre se déposait en couche épaisse sur tous les objets : on eût dit Pompéï. Le jour avait la couleur, l'odeur et le goût de la cendre.

Je contemplais l'un de ces grands feux. Sur la cheminée, l'horloge s'ornait d'une statue de bronze : le Temps dont la barbe tournait autour d'une grande faux, assistait à l'écoulement des heures. Il enseignait ce « mépris de fortune », qu'il faut trouver dans ces défaites-là.

Devant ces feuillets, ces notes, ces rapports qui se tordaient dans le feu, prouvant leur inanité, je m'inquiétai des sentiments de cet homme qui avait eu de grandes responsabilités et qui regardait, comme moi, ce brasier de liberté. Il songeait. Le président M. est un bel exemple de ces magistrats cultivés, tolérants, généreux et aimables tels qu'on aimerait Charles de Montesquieu et qu'on imaginerait Charles de Brosses.

– Pour vous, monsieur le Président, ce changement n'a pas trop d'importance. Vous êtes le chef d'une juridiction, et inamovible. On ne tentera rien contre vous, d'autant plus que vous êtes aimé de tous.

Il y eut un silence, et sans me regarder, il répondit doucement :

– Voyez-vous, je crois que les peuples, quoi qu'il arrive, se sauvent toujours. Regardez l'Allemagne ou le Japon après la guerre. Mais, au creux des bouleversements, les individus peuvent souffrir...

Le Pont au Double.

Pont de la Concorde.

PARC MONCEAU

L'ambition mondaine trouve dans la capitale son plus beau terrain de chasse. Proust a décrit le système du « grand » monde, ces longues manœuvres, cette absence d'amour-propre et cet éternel recommencement.

Pour rien ou presque rien. Tout au plus, ne voit-on pas, trop occupé à baiser la main d'une femme du monde, la mort qui s'approche. Le goût des noms remplace celui des personnes, la conversation remplace l'action, le passé est plus vrai que le présent. Suivons le côté de Guermantes.

Pour les plus libres des mondains, il demeure, de cette quête perpétuelle, une collection d'histoires ou de souvenirs qui éblouissent les crépuscules de la vie.

C'était chez une duchesse, une maréchale de France ou une Américaine des lettres. Une conférence – à moins que ce ne fût un récital de piano – s'achevait. Les invités s'éparpillaient dans l'appartement où étaient servis quelques rafraîchissements. Un jeune mondain, chevalier servant de la maîtresse de maison, avait repéré une assiette de calissons d'Aix. Il en prit un et s'aperçut alors que les friandises étaient dures comme du bois : elles avaient dû être oubliées au fond d'un placard. Il prit donc l'assiette et prévint quelques compères de ses intentions. Il fit le tour des dames et leur présenta les sucreries. Peu refusèrent. Les larrons se plaçaient derrière elles et attendaient. Chaque fois, l'invitée minaudait un moment, tout en continuant à parler, son calisson à la main. Puis, elle le portait à la bouche. Le sourire s'effaçait.

La conversation se mourait autour d'elle. Elle tentait de broyer le petit losange de pâte d'amandes entre ses molaires. Le geste était déjà moins gracieux. Et là, elle entendait des rires derrière elle. Les jeunes collégiens se moquaient de son embarras. Puis ils allaient recommencer leur plaisanterie un peu plus loin. Le sourire éclaire d'un rayon de soleil une passion plutôt lunaire.

Qui osera dire la volupté que réservent aussi les bottins, les traités de généalogie, les pamphlets sur la fausse noblesse ?

– Tu finiras par connaître le *Who's who* par cœur !

Il faut dire que cette grosse bible est la plus captivante des lectures. Les hommes se dévoilent un peu à travers ces textes qu'ils rédigent eux-mêmes et où percent leurs ambitions, leurs succès, mais aussi leurs défaites.

– Ont-ils tous été résistants stagiaires ?

Pierre Dac avouait le clairon comme violon d'Ingres !

Malgré tout, le temps vient où la vanité mondaine sonne creux, son vrai son. L'indifférence libère l'imprudent des dignités et des noms, ce filet que la société jette sur ses proies. Comment ne pas songer à Mrs. Dalloway ? L'héroïne de Virginia Woolf, à la fin de la soirée qui dure tout un livre, devrait, a-t-on dit, se donner la mort : « Elle avait intrigué, triché; elle n'avait jamais été complètement admirable... »

Londres ressemble en cela à Paris.

Les grilles d'or du parc Monceau

« Je me promenais assez souvent dans ce parc abandonné; la Révolution y commença parmi les orgies du duc d'Orléans : cette retraite avait été embellie de nudités de marbre et de ruines factices; symbole de lala politique légère et débauchée qui allait couvrir la France de prostituées et de débris. » Chateaubriand, qui se souvient de ses promenades, habitait alors rue de Miromesnil. Plus tard, le parc abandonné fut entouré de luxueuses demeures sous l'impulsion des frères Péreire. Ce fut le quartier des Boussardel de Philippe Hériat.

La fontaine de l'Observatoire

« Je n'aperçois pas une maison; à deux cents lieues de Paris je serais moins séparé du monde. J'entends bêler les chèvres qui nourrissent les orphelins délaissés.» (Chateaubriand, Mémoires d'outre-tombe).

L'homme des Mémoires a vécu rue d'Enfer, entre l'Observatoire et l'actuelle place Denfert-Rochereau — sa femme s'occupait de l'infirmerie Marie-Thérèse — proche de l'hôpital Saint-Vincent-de-Paul. Ce quartier a gardé la tranquillité qu'évoquait Chateaubriand. La fontaine de l'Observatoire par Davioud dont on voit ici un détail, est surmontée par le groupe que le sculpteur Carpeaux a consacré aux quatre parties du monde.

« M. Colbert, qui voulait relever en France les sciences et les arts, et qui avoit fait bâtir l'Observatoire, attira par de grosses pensions plusieurs savants étrangers. » (Saint-Simon, Mémoires, t. XXIII, p. 116).

Les bancs de la place Furstenberg

Pour oublier les illusions perdues ou pour mieux les perdre, il suffit de muser dans Paris, avec, en tête, le souvenir des amours passées. La ville prend alors les nuances de la passion. Odette de Crécy, la future Mme Swann, se promenait, avenue du Bois, dans « son incomparable victoria »; elle souriait doucement à ses conquêtes, évoquant d'un regard des heures d'amour, passées ou futures.

Par un beau jour d'été combien de visages peuvent, dans des rues familières, rappeler des éclats de désir ou des désespoirs vite contenus ! Et un leitmotiv pour harceler cette marche : « Peut-on épuiser, en une vie, toutes les belles créatures de Paris ? »

– Je me souviens de ce coupé déglingué qui s'ouvrait sur le printemps parisien !

– Je me souviens de ta fragilité de biche aux abois et de ta fougue d'animal blessé. Tu me racontais ton histoire.

– Ton regard me dit quelque chose. C'est si loin. Nous nous étions quittés un peu fâchés, je crois. Quelle a été ta vie ?

– Je sais. Nous nous connaissons, depuis des années peut-être. Ton sourire quitte ton amie américaine et me frôle. Ce serait bien.

Peu à peu, les rues de Paris se peuplent des fantômes d'êtres qui furent adorés. Les maisons parlent d'amour, le seul langage, à la fin, que l'on aime entendre d'elles.

Une murette le long du quai d'Anjou, les bancs de la place Furstenberg, une fontaine derrière l'Institut, la cour du lycée Saint-Louis, une façade du boulevard Saint-Germain : chaque homme apprend à souffrir et à jouir de Paris à travers des visages qui l'ont fait souffrir ou aimer. Le jeune Marcel Proust n'avait-il pas toujours à la portée de la main un plan de Paris : il pouvait y lire le nom de la rue où vivaient les parents de Gilberte. Il n'est pas de meilleur moyen de connaître la capitale que d'y suivre les chemins de la carte du Tendre !

Le donjuanisme détruit cette fièvre quarte qu'est le goût du pouvoir. En plaçant les plaisirs immédiats – affectifs, sensuels et intellectuels – au premier plan, le séducteur abandonne les visions lointaines qui dessinent l'horizon de l'ambitieux – comme l'horizon, elles se dérobent toujours.

Si la séduction se fait un contrefort pour l'ambition – « arriver par les femmes », Mme de Rambouillet pour Voiture, Mme Hédouin pour Octave Mouret, Marie-Laure de Noailles pour d'autres – elle la tue lorsqu'elle en devient la fin unique : le séducteur ne vit plus que pour le désir ou le plaisir. Comme la passion de l'orgue, la quête du Graal ou la recherche de l'objet rare, la chasse à l'amour – éternel ou passager – donne à la ville un visage humain – fragile et doux. Le démon est exorcisé.

La rue de Furstemberg

« Je suis venu à Paris, se dit-il, pour voir M. Sartre instruire ses disciples au café de Flore, comme Platon enseignait les siens aux portes d'Athènes, dans les jardins d'Académie. » (Pierre Gaxotte, Nouvel Ingénu, 1972,).

Avant la mode de l'existentialisme, Saint-Germain a été un foyer de savoir, lorsque les bénédictins de l'abbaye ont donné, au XVIIIe siècle, une vie nouvelle à l'histoire. Un buste de Mabillon rappelle l'effort de ces érudits, à l'ombre du clocher roman de Saint-Germain. Et le souvenir de l'abbaye et des abbés — comme le cardinal de Fürstenberg — est conservé dans les ruelles qui tournent autour de l'église.

Le Bois de Boulogne.

Les bouquinistes sur les quais.

Les pavés soulevés

Paris ne détruit jamais l'ambition aussi bien que dans ses spectacles de misère. Ils marquent le Paris du XIXe siècle et du XXe siècle, celui de la Bastille et de la Commune, de Pigalle ou de Rochechouart, d'Eugène Sue et de Zola, de Simenon et de Carco. Déjà au XVIIIe siècle, Mercier et Rétif avaient annoncé cette vision noire, et exalté cette vie profonde et obscure de la capitale. Des détours sordides plutôt que des façades de pierre, des sentines plutôt que des jardins embaumés, des malheureux plutôt que des patriciens.

Gavroche, Mimi Pinson, Nana, Nini Peau de Chien, Jésus la Caille, Notre-Dame-des-Fleurs sont les acteurs de ce Paris-canaille qui a une vie plus savoureuse et fertile que la distinction désincarnée des Anna de Noailles, des Boni de Castellane, des Coco Chanel. « J'ai deux amours, mon pays et Paris », « Paris m'a pris dans ses bras ».

La vraie vie de Paris se réfugie sous les pavés de ses rues. Anatole France a écrit qu'ils « se sont tant de fois soulevés pour la justice et la liberté » ! C'est d'eux « qu'ont jailli les vérités qui consolent et délivrent ».

Par les bas-fonds accède-t-on mieux à l'amour de Paris ?

L'ambition, dans cet univers tragique, se trouve rejetée comme un pantin désarticulé.

Le Tribunal de Commerce, la Conciergerie et le pont au Change.

La Souricière

Une visite avait été prévue autrefois « pour information » au « Dépôt » qui est, au Palais de Justice, l'antichambre du Parquet. Les cellules, occupées pour une heure ou un jour, sentaient l'urine. A un regard malheureux, lorsqu'un gardien nous ouvrit la lourde porte, comment ne pas répondre par un sourire? On nous montra aussi la cellule capitonnée pour les forcenés.

Les femmes avaient un traitement de faveur : des bonnes sœurs s'occupaient d'elles. Tout, là, était propre, impeccable. Une odeur de soupe flottait près des photos de Lourdes. Entre les hauts murs, le minuscule jardin des religieuses ne connaissait jamais le soleil. Un couvent en plein Paris, en pleine prison.

Puis nous avions suivi un souterrain long et obscur : les gardiens inattentifs s'y faisaient souvent molester par des prisonniers récalcitrants. On arrivait à la « Souricière ». Là, attendaient les inculpés déjà détenus, qui allaient passer en jugement. La « Souricière », c'est tout dire ! Un convoi arrivait de Fleury-Mérogis. Les prisonniers étaient jeunes, des mineurs pour la plupart. On les faisait entrer prestement, sans brutalité. Après leur passage, on nous conduisit dans la salle immense où, dans des cellules groupées sur deux étages, étaient enfermés les nouveaux arrivants. Nous nous promenions, l'air grave. Nous regardions ces visages durs ou doux, émouvants ou effrayants, angéliques ou démoniaques. La gêne gonflait en nous, notre marche se ralentit comme craintive. Pour répondre à cette gêne, des cris éclatèrent. La protestation était sincère, brutale et simple.

– On n'est pas des bêtes. C'est pas un zoo !

Sans injures, sans menaces, avec tristesse. Parce que nous étions jeunes comme eux, mais libres comme l'air.

– Allez donc vous promener sur les boulevards. Il fait beau dehors.

Cela ressemblait à un conseil d'ami, insupportable parce que plein de douleur et de sympathie, ni hostile, ni méchant.

Les gardiens, eux, plaisantaient avec les détenus. Nous, nous ne faisions pas partie de la maison. « Ça se voyait tout de suite. » Ce monde surchauffé où nous avons plongé nos regards pour deviner nos semblables, nos frères, nos enfants, nous a renvoyés à ce que nous sommes pour un jour, pour un mois, pour un an : des hommes libres.

Madame W... que nous accompagnions murmura :

– Il est impossible de ne pas se voir à la même place, en cellule, de ne pas s'imaginer comme eux, parmi eux... Je voyais mon fils parmi ces gamins qui sont de son âge...

Elle redevenait mère, et mère seulement, face à tant de misère et de détresse.

L'île de la Cité et le Palais de Justice.

Statue d'Étienne Marcel.

Jubé de Saint-Étienne du Mont.

Le palais du Luxembourg.

Les allées du Luxembourg

La misère rend toute volonté de puissance odieuse, obscène. Sur les planches du théâtre des hommes, Arlequin met en fuite Rodomont.

« Vauvenargues dit que dans les jardins publics il est des allées hantées principalement par l'ambition déçue. par les inventeurs malheureux, par les gloires avortées, par les cœurs brisés, par toutes ces âmes tumultueuses et fermées. en qui grondent encore les derniers soupirs d'un orage, et qui reculent loin du regard insolent des joyeux et des oisifs. Ces retraites ombreuses sont les rendez-vous des éclopés de la vie. » Baudelaire. dans ses *Veuves*, décrit ainsi le charme secret que la misère, comme l'ambition déçue, peut exercer. Paris convertit la douleur en douceur, comme l'alchimiste change le plomb en or.

La vérité est-elle dans le ruisseau ? Oubliés les salons dorés, les lauriers tressés, les lingots amassés ! Il reste la ville elle-même.

Les jardins publics. où rien ne se crée et où tout peut arriver, ressemblent aux Limbes, le séjour des enfants morts avant d'être baptisés. Les parcs créent une fausse nature dans cette œuvre humaine qu'est la cité: des parenthèses dans le texte urbain, des bulles dans un bassin, des fenêtres dans un mur... On peut y reprendre son souffle.

L'ambition déçue s'y réfugie. Pour y trouver la sagesse de l'oubli. Pour s'absorber – à la fois racine. pierre et chair – dans la ville.

Dans les jardins du Luxembourg

«Dans les jardins du Luxembourg, il fit halte. Là enfin, il trouva le coin calme. Là, pour un sou, sur un siège, face à une « composition » de terrasses, d'allées, de perspectives, de fontaines, d'arbustes dans leurs caisses vertes, de menues femmes en bonnet blanc, et de petites filles suraiguës et folâtres, il passa une heure durant laquelle la coupe de ses sens lui parut vraiment déborder.» (Henry James, Les Ambassadeurs ; : trad. franç., 1950).

Le Pont-Neuf

Madame Roland qui fut l'égérie des Girondins, était la fille d'un artiste parisien. Elle habita au bout de l'île de la Cité : elle se disait « enfant de la Seine » et, avant de mourir sur l'échafaud. elle se pencha sur sa jeunesse près du Pont-Neuf : «... beaucoup d'air, un grand espace s'offraient encore a mon imagination vagabonde et romantique. Combien de fois, de ma fenêtre exposée au nord, j'ai contemplé avec émotion les vastes déserts du ciel, sa voûte superbe, azurée, magnifiquement dessinée, depuis le levant bleuâtre, loin derrière le Pont-au-Change, jusqu'au couchant, dorée d'une brillante couleur aurore derrière les arbres du cours et les maisons de Chaillot ! » (Manon Philipon, Madame Roland, Mémoires).

Le pont Mirabeau

Baudelaire est le grand ancêtre : l'un des premiers, il a regardé avec amitié toutes les misères de Paris. Il choisit, dans ses *Tableaux parisiens*, les vieux et les vieilles, les clochards et les moribonds, les aveugles et les prostituées.

Je me souviens de la mendiante de la rue Vavin avec sa serpillière en guise de châle, de ce fou qui portait une cape de polytechnicien et prétendait être Gaspard Hauser, des femmes à moitié nues dans le petit matin glacé de la rue Quincampoix. Tout se transforme, mais tout demeure. La douleur baudelairienne de Paris est intacte. Le poète communie avec les malheureux : il souffre avec eux et pour eux. Cette souffrance grandit la ville : la coquette s'efface devant la pauvre femme.

Baudelaire a rêvé au cygne ridicule et sublime devant le Louvre, il a songé à Andromaque, exilée au bord du Simoïs – « Andromaque, je pense à vous ». J'imagine la prisonnière de Pyrrhus comme protectrice de la ville. Elle porte sur elle toutes les meurtrissures de la vie. Elle est la mère et la femme, la fille et la reine : pour un instant, elle est Paris.

« Le vieux Paris n'est plus (la forme d'une ville
Change plus vite, hélas ! que le cœur d'un mortel). »

Pont Notre-Dame.

Pont Royal.

Le Paris de Baudelaire a pourtant trouvé toute une dynastie de poètes pour survivre. Apollinaire en premier. « Je pleure à Paris ». Dans cette ville, « les femmes sont ensanglantées », les hommes errent dans la Zone, ce repère des mauvais garçons, le poète doit se rendre chez le juge d'instruction comme un criminel – faut-il rappeler que son secrétaire avait dérobé des statuettes précieuses !

Les mal-aimés ou les trop-aimés, les savants, les voyous aux regards troubles forment le cortège de l'écrivain au front bandé. Paris est présent sans déclamation, sans cri, sans pose :

« J'erre à travers mon beau Paris

Sans avoir le cœur d'y mourir... »

La ville devient la grande consolatrice, le giron maternel, la grotte solitaire. Elle n'a rien de morbide, encombrée de ses morts. Elle peut être froide comme un abbé, majestueuse comme un diplomate, étincelante comme une fille, mais elle n'a jamais rien d'un cadavre.

« Soirs de Paris ivres de gin

Flambant de l'électricité... »

Paris n'est pas Venise. Au dernier moment, il invite au sursaut, à la création, à la vie. Cette vie du ressuscité qui est la vraie vie. L'émotion, comme la réalité, s'est cachée pour mieux s'imposer à travers l'œuvre des poètes. Une ville " cubiste " se construit, où tout se reconnaît sans se montrer, sans se démontrer.

Les Invalides.

Le miracle de Paris, c'est que la ville sort victorieuse de tant de défaites, vivante de tant de maladies, épurée de tant de flétrissures.

Baudelaire avait déjà trouvé le moment :

C'était l'heure où l'essaim des rêves malfaisants

Tord sur leurs oreillers les bruns adolescents... »

C'est le « crépuscule du matin », où tout est mort et va renaître, où le désespoir se change en espérance, où le chagrin devient bonheur. C'est l'aurore.

« L'aurore grelottante en robe rose et verte

S'avançait lentement sur la Seine déserte

Et le sombre Paris, en se frottant les yeux;

Empoignait ses outils, vieillard laborieux... »

Même regard de Paul Morand, à la fin de la nuit : « On lavait Paris comme le pont d'un bateau ; sur le lac de l'Etoile, personne ne ramait. »

Les visions de Paris les plus euphoriques surgissent au petit matin. Lorsque la jalousie ou l'amour, l'insomnie ou le chagrin, la foi ou l'étude, le travail ou le départ jettent le Parisien dans la rue, la ville, fraîche et tendre, semble naître du chaos.

Après une nuit blanche, le promeneur se baigne dans la pureté des rues et des boulevards. Quelques merles sifflent dans les jardins.

La passerelle des Arts.

Les Champs-Élysées

« L'on se donne à Paris, sans se parler, comme un rendez-vous public, mais fort exact, tous les soirs au Cours ou aux Tuileries, pour se regarder au visage et se désapprouver les uns les autres.» (La Bruyère, « De la ville », Les Caractères, 1688).

Les points de rencontre et de promenade changent. À la Belle Époque, ce fut l'avenue du Bois — avenue Foch aujourd'hui. Après la Seconde Guerre mondiale, ce fut Saint-Germain-des-Prés. Le quartier Latin vit toujours autour du boulevard Saint-Michel, et la rive droite autour des Champs-Élysées. Dans les années 80, les Halles sont devenues un des centres magnétiques de la ville.

Les légendes de cet ouvrage, quand elles son uniquement informatives, sont de l'éditeur.